"十二五"国家高等教育规划教材配套实验教程

汤守健　陈　星　沈义民　王　平　编著

生物医学传感与检测实验教程

Experimentation of Biomedical Sensors & Measurement

（第二版）

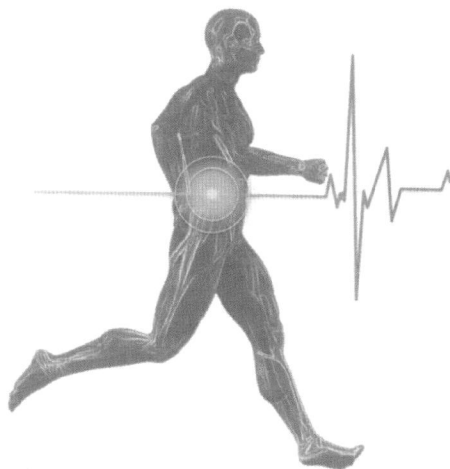

ZHEJIANG UNIVERSITY PRESS
浙江大学出版社

前　言

　　没有精确的实验便没有真正的科学,在科学技术快速发展的今天尤其如此。大到基本物理、化学和生物规律的确定与修正,小到某一件产品的鉴定与评价,都少不了相应的实验。正因为如此,无论是科学家还是工程师都无一不珍视实验所得到的结果,而且往往不惜为之夜以继日地付出不懈的努力,不达目的誓不罢休。由此可见有意义的实验是非常重要的。

　　党的二十大报告提出:"加强基础学科、新兴学科、交叉学科建设,加快建设中国特色、世界一流的大学和优势学科。"[①]"生物医学传感与检测"课程具有突出的学科交叉性和理论与应用相结合的特点,既有较高的理论性,又具有较强的实践性。特别是理论与实践的有机结合是学好该课程的关键。根据这一特点,我们为该课程开设了实验并编写了配套的实验教程,以理论与实践相结合的方式设计了最基本的实验内容。该实验教程包括了从常用的物理传感器及其检测系统到基本的化学和生物传感器及其检测系统,同时又结合了先进的虚拟仪器和计算机定量分析手段,通过实验课程的训练,使学生们能够验证课堂上学到的理论知识、熟悉常用的传感器原理与使用方法、学会传感器实验数据的分析和处理方法,从而掌握现代生物医学传感器及其检测技术的基本原理和应用技术,为将来在该领域中的科学研究和应用开发打下良好基础。

　　实验课程常常是单调乏味和烦琐的,希望同学们不要轻视或草率行事,需要的是十分的仔细和耐心。科学实验来不得半点马虎,需要严肃认真、一丝不苟的科学态度。在着手本课程实验之前,应仔细阅读实验教程,认真思考,透彻理解实验原理,全面掌握实施方案。多想想为什么要这样而不是那样做,还有其他更好的方法吗?以便达到活跃思维和举一反三的目的。做实验时一定要做到严格要求自己,全心全意地做,三心二意是绝对做不好实验的,数据多的实验更要加倍留心,不要操之过急。实验报告不要停留在就事论事上,应该有的放矢地进行分析和讨论并提出自己的看法,这样才能写出有收获、有价值的合格实验报告。

　　本实验教程第一版 2013 年正式出版以来,得到了很多读者和使用单位的关心和支持,并提出了一些很好的意见和建议。在第二版中,我们对第一版中的错误和不当之处进行了认真修改,同时,在传感器的误差数据分析方面增加了国际上常用的规范计算和评估方法;在原有的实验仪器装置基础上,增加了与计算机接口和结合 NI 公司的数据采集和

---

①　习近平. 高举中国特色社会主义伟大旗帜 为全面建设社会主义现代化国家而团结奋斗——在中国共产党第二十次全国代表大会上的报告[R]. 北京:人民出版社,2022:34.

软件分析系统内容;在物理传感器方面,增加了实验中有关调制解调测量电路的原理分析和具体电路分析;在化学传感器方面,补充了有关气体检测和离子检测的内容;在生物传感器方面补充和增加了电化学生物传感器的原理及其实验内容。此外,为适应本课程的中英文双语教材的特点和方便读者的使用,在基本的专业词汇和术语方面增加了双语内容。

　　由于我们的知识水平和能力不足,编写的时间有限,该教程仍可能会存在一些错误和不足,敬请大家在使用中提出宝贵的意见和建议。

编著者

2024 年 1 月

目　录

上篇　生物医学传感与检测技术基础
Basics of Biomedical Sensors and Measurement

下篇　生物医学传感与检测实验
The experiments of biomedical sensors and measurement

上篇

生物医学传感与检测技术基础

Basics of Biomedical Sensors and Measurement

第 1 章

传感器和检测系统

Sensors and measurement system

1.1 传感器与检测的基本概念(basic concept of sensors and measurement)

传感器(sensor)是指将感受到的物理量、化学量和生物量等信息,按照一定规律转换成可用信号输出的器件或装置。由于电信号易于传输、处理和记录,所以一般概念上的传感器是特指将非电量转换成电信号输出的器件或装置。传感器系统通常由直接响应于被测量的敏感元件和产生可用信号输出的转换元件以及相应的电子线路组成。

检测是检出和测量的总称。检出是指示某些特殊量的存在,但无需提供量值的过程;测量则被定义为以确定被测对象量值为目的的全部操作。因此,传感器检测技术是应用传感器将被测量信息转换成便于传输和处理的物理量,进而进行变换、传输、显示、记录和数据分析处理的技术。

传感器的分类方法有多种。例如,按能量关系分为:能量转换型(自源型)、能量控制型(外源型);按工作原理分为:应变式、光电式、电动式、热电式、压电式、压阻式、电化学式、光导式等;按输出量分为:模拟式、数字式;按输入被测量大类分为:物理量、化学量、生物量;按具体的输入被测量分为:位移、加速度、温度、流量、压力、气体、离子以及葡萄糖、细胞传感器等。在许多场合,也有将以上几种综合起来使用的分类方法,如应变式压力传感器、压阻式压力传感器、压电式加速度传感器,等等。

生物医学传感器是一类特殊的电子器件,它能把生物和医学中的各种通常难以观测的非电量转换为易观测的电量,扩大人的感官能力,是构成各种医学仪器和设备的关键部件。生物医学检测是对生物体包含的生命现象、状态、性质、变量和成分等信息进行检测和量化的技术,而其中的生物医学传感器是生物医学检测的关键技术。生物医学传感与检测技术是获取人体生理病理信息的关键技术,是生物医学工程学的重要分支学科。生物医学信号的一般特点是信号微弱,随机性强,噪声和背景干扰强,动态变化和个体差异大;这相应地要求传感器和检测系统的灵敏度高,噪声小,抗干扰能力强,分辨力强,动态特性好。因此,生物医学检测技术往往比一般工业检测技术更复杂,要求更严格。

1.2　传感器的静态特性和动态特性(static and dynamic characteristics of sensors)

　　根据传感器所测量的量相对时间的变化,可将输入信号分为静态量和动态量两大类。所谓静态量是指固定状态的信号或变化极其缓慢的信号(准静态),而动态量是指相对时间变化的确定性信号或随机信号。选择或设计的传感器能否不失真地反映输入信号,主要取决于它的两个基本特性——静态特性和动态特性。要使传感器尽量不失真地反映测量信号,必须了解传感器的静态特性和动态特性。

1.2.1　传感器的静态特性(static characteristics of sensors)

　　传感器的静态特性是指当测量静态量时,传感器的输出值与输入值的数学关系表达式、曲线或数据表。

　　传感器的静态特性是在静态标准条件下进行校准的,用高一级精度的仪器对传感器进行往复循环测试,所得数据列成表格或画成曲线——静态校准曲线。静态特性指标可以从传感器的静态校准曲线得到。衡量传感器静态特性品质的指标主要有线性度、灵敏度、精度、迟滞、重复性等几种。

　　(1)线性度(linearity)

　　传感器静态校准曲线与作为基准的拟合直线的最大偏差(Δ_{max})与传感器满量程输出(Y_{FS})的比值的百分数,称为传感器的线性度(或非线性误差)。线性度通常用最大相对误差的形式表示:

$$\varepsilon = \frac{|\Delta_{max}|}{Y_{FS}} \times 100\%$$

　　式中,ε——线性度(非线性误差);

　　　　Δ_{max}——输出平均值与拟合直线的最大偏差;

　　　　Y_{FS}——传感器满量程输出。

　　(2)灵敏度(sensitivity)

　　传感器输出量的增量与对应的输入量的增量的比值,定义为传感器的静态灵敏度。灵敏度通常用 K 来表示。线性传感器的静态灵敏度在整个测量范围内是一常数,非线性传感器的静态灵敏度则随输入量的变化而变化。

　　(3)迟滞(hysteresis)

　　迟滞说明传感器的正向(输入量增大)和反向(输入量变小)特性的不一致程度,亦即对应于同一大小的输入信号,传感器在正、反行程输出数值不相等的程度。迟滞一般由实验确定,在数值上用输出值在正、反行程间的最大偏差与满量程的百分比表示。

$$\delta_H = \frac{|\Delta H_{max}|}{Y_{FS}} \times 100\%$$

式中,$\Delta H_{\max}$——输出值在正、反行程间的最大偏差。

(4)重复性(repeatbility)

重复性表示传感器在输入量按同一方向作全量程连续多次变动时,所得特性曲线的不一致程度。具体计算方法是先分别求出正、反行程多次测量的各个测试点的最大偏差,再取这两个最大偏差中较大者为 $\Delta_{\max}$,计算与满量程输出的百分比,得出重复性误差:

$$\delta_R=\frac{|\Delta_{\max}|}{Y_{FS}}\times100\%$$

(5)精度(accuracy)

传感器精度是指传感器输出结果的可靠程度,传感器精度的高低是用输出测量值和被测真值之间的偏差值来衡量的。精度通常以绝对误差或相对误差来表示。其中被测真值通常是未知的,实际应用中以约定真值或相对真值替代。

传感器精度通常使用的是传感器满量程输出范围内的最大绝对误差与满量程的比值:

$$K'=\frac{\Delta A}{Y_{FS}}\times100\%$$

式中,ΔA——传感器测量范围内最大绝对误差;

Y_{FS}——传感器满量程输出;

K'——传感器的精度等级。

(6)检出限或灵敏限(detection limit)

检出限指输入量的变化不致引起输出量有任何可见变化的量值范围。例如光纤式导管末端血压传感器加小于 1mmHg 的压力时无输出,则其灵敏限为 1mmHg。

(7)零点漂移(zero shift)

传感器无输入或在某一输入值不变时,每隔一段时间(例如 10ms、1h、2h、4h 等)对传感器输出进行读数,其输出与零值(或原指示值)的偏离值即为零点漂移:

$$零漂=\frac{\Delta Y_0}{Y_{FS}}\times100\%$$

式中,ΔY_0——输出偏离值。

(8)温漂(temperature shift)

温漂表示温度变化时,传感器输出值的偏离程度。一般以温度变化 1℃时,输出最大偏差与满量程之比表示。

$$温漂=\frac{\Delta_{\max}}{Y_{FS}\times\Delta T}$$

式中,ΔT——温度变化值。

(9)测量范围(measuremet range)

由被测量最小值和最大值两个极值所限定的范围,在这个范围内测量是按规定精度进行的。

1.2.2　传感器的动态特性(dynamic characteristics of sensors)

传感器的动态特性是指传感器对于随时间变化的输入信号的响应特性。传感器的时间响应可分成两个部分,即瞬态响应和稳态响应。瞬态响应是指传感器从初始状态到达稳定状态的响应过程。稳态响应指的是时间趋于无穷大时,传感器的输出状态。因为实际的被测量随时间变化的形式可能是各种各样的,所以在研究动态特性时输入"标准"的信号来分析传感器的时间响应特性。标准输入信号有两种:正弦信号和阶跃信号。传感器的动态特性分析和动态标定以这两种标准输入信号为依据。

(1)时域内常用的动态性能指标(commonly used time domain dynamic performance)

在研究传感器的动态特性时,有时需要从时域中对传感器的响应和过渡过程进行分析,这种分析方法是时域分析法。一般把传感器对阶跃信号的响应称为瞬态响应。

①时间常数(time costant)τ:指传感器输出值达到稳态值的 63% 时所需的时间。

②上升时间(rise time)t_r:指传感器输出值从稳态值的 10% 上升到 90% 所需的时间。

③响应时间(response time)t_s:输出值从响应到稳定并保持在允许误差范围(±5%)内所需的时间。

④ 超调量(super tone)α:超过稳态输出值的最大输出量值,叫做最大超调量 $\alpha = y_{max} - y_c$。通常采用$(\alpha / y_c) \times 100\%$ 表示。

⑤迟延时间(delay time)t_d:指传感器输出值第一次达到稳态值的 50% 时所需的时间。

⑥衰减度(attenuation degree)ψ:指相邻两个波峰(或波谷)高度下降的百分数,$\psi = (\alpha - \alpha_1)/\alpha \times 100\%$。

上述时域性能指标中 τ、t_s、t_r 是反映系统响应速度的指标。ψ、α 反映系统的相对稳定性。

(2)传感器的频率响应特性指标(commonly used time frequency dynamic performance)

传感器对正弦输入信号的稳态响应称为频率响应。频率响应法是在某一频率范围内,通过改变输入信号的频率来研究传感器输出特性的变化的方法。当输入信号为正弦波时,输出信号随着时间的增长,暂态响应部分逐渐衰减以至消失,经过一段时间后,只剩下正弦波稳态输出。观察输入信号 $X(t)$ 和输出信号 $Y(t)$,可以发现,在稳态时 $X(t)$ 和 $Y(t)$ 的频率相同,但幅度不等,并有相位差。

①频率响应范围(frequence response range):是指在幅频特性曲线上幅值衰减小于 3dB 时所对应的频率范围。

②幅值误差(amplitude error):在频响范围内与理想传感器相比产生的幅值误差。

③相位误差(phase error):在频响范围内与理想传感器相比产生的相位误差。

1.3　传感检测系统(sensor measurement system)

传感检测系统一般由传感器、测量电路(传感器接口与信号预处理电路)和输出机构三个部分组成。传感器的作用是检测出测量环境中的被测信号,通常情况下是感应被测量的变化并将之转换成其他量。例如在测量人体温度时,将半导体热敏电阻(传感换能器)放置在人体体表某处,这时热敏电阻的阻值将反映体表温度的变化,这是一种将热学量(非电学量)转换成电阻(电参数)的测量方法。通常也把传感器称为一次仪表,而把后面的测量电路和输出电路称作二次仪表。

随着微处理机技术的发展,传感检测系统的组成也有了新的发展。带有微处理机的智能传感检测系统是现代传感检测技术的发展方向,其基本组成如图1.3.1所示。

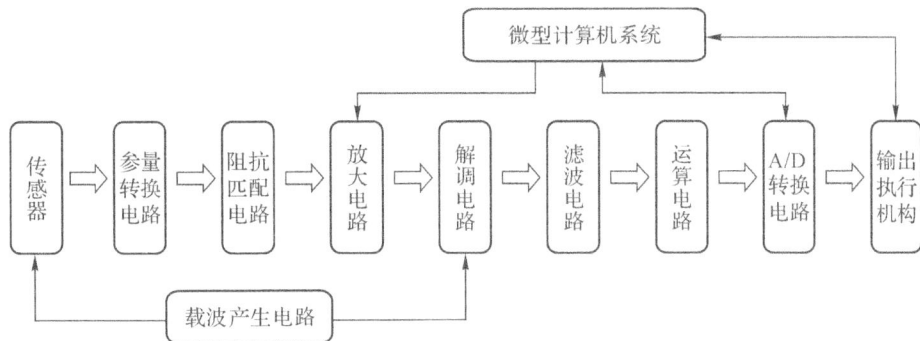

图1.3.1　智能传感检测系统基本构成

1.3.1　测量电路(measurement circuits)

在测量过程中,可将测量电路分成传感器接口与信号预处理电路两个部分。传感器接口是指从传感器到信号预处理电路之间电路结构组成,通常由参量转换(基本转换电路)、传感器输出信号的调制和阻抗匹配等功能模块电路组成,它的主要功能是提取被测信号。信号的预处理电路通常由运算、解调、滤波、A/D和D/A组成,它的主要功能是检出被测信号,并在必要的情况下对信号进行离散化处理。

(1)参量转换(parametric conversion)

当在被测信号的作用下,传感器的电学性能发生了变化,即当被测信号的变化造成传感器的电阻、电感或电容等电参数的变化,则需要相应的接口电路将其转换成电压、电流或电荷等易于测量的电量信号,或者将其转换成数字量输出。已知为电量输出时则不需要这样的转换电路。

(2)调制解调(modulation and demodulation)

在传感器的输出量值比较微弱的情况下,放大器的噪声电压、测量电路直流放大的温漂、零漂和级间耦合现象都会给测量结果带来严重误差,为提高测量的抗干扰能力,在参量转换电路中对传感器的输出信号进行调制,也即使之输出一个变化的交流信号,传感器输出信号的变化对应于交流信号幅度、频率或相位的变化,在测量电路中可采用窄带滤波放大和相应的解调技术检测得到感兴趣的被测信号。这是微弱信号检测中常用的方法。一般将控制高频振荡的缓变信号称为调制波(被测信号);载送交变信号的高频振荡波称为载波(在参量转换电路中的激励信号);经过调制的高频振荡波称为已调波(传感器的输出信号)。解调或检波是对已调波进行鉴别以恢复缓变的被测信号。

(3)阻抗变换(impedance conversion)

传感器可以看成是具有一定输出阻抗的信号源,而与之接口的后继电路具有一定的输入阻抗,为了使传感器的输出信号尽量不受测量电路输入阻抗的影响,在一般的传感器接口电路的设计中应考虑阻抗变换,即将高输出阻抗的传感器通过高输入阻抗的运放变成低阻输出。

(4) 运算电路(operation circuits)

在测量电路中运算电路主要有比例、加减、积分、微分、对数、指数、乘除等,根据测量需要,它们对信号起着线性或非线性变换的作用。

① 比例运算(proportional operation)

传感器的输出信号一般来说都比较小,通常为毫伏级。因此,为达到后继处理电路的输入水平,一般应对传感器的输出信号进行放大。选择集成运算放大器作为信号放大电路的器件在设计中是十分方便的。

② 加、减运算(addition and subtraction operation)

实现几个不同信号的加减法运算和信号偏置幅度的调整。差分放大电路是此类电路中的基本类型之一。

③ 对数、指数运算(logarithmic and exponential operation)

完成电路中的非线性运算。例如对数运算电路可将指数形式输出的传感器信号线性化。

(5) 模拟滤波器(analog filter)

在测量系统中,信号预处理电路中的模拟滤波器的设计是十分关键的一个环节,它具有选择信号中感兴趣频率成分的功能。滤波器使信号中特定的感兴趣的频率成分通过而极大地衰减其他频率成分,从而达到滤除信号中干扰噪声的目的。

(6) 模数、数模转换电路(analog to digital and digital to analog conversion circuit)

信号从传感器到传感器接口和预处理电路涉及的都是模拟信号,因而这些都是模拟测量电路的设计。为了能在测量系统中发挥数字信号处理技术的作用,模拟信号必须转换为计算机能处理的数字信号。通常当测量系统中存在执行器件时,计算机还要将处理后输出的数字信号转换成模拟信号。A/D接口、D/A接口和微机构成一个智能闭环测控系统。

1.3.2　微机与数字信号处理(microcomputer and digital signal processing)

微机与数字信号处理技术在测量系统中的应用使测量系统产生了质的飞跃。测量数据的微机处理,不仅可以对信号进行分析、判断、推理,还可以用数字显示测量结果。在微机检测系统中,除 CPU 之外,系统通常还有数据存储器、程序存储器、输入、输出、通信等其他一些接口,以完成测量系统的人机交互、数据的分析、记录和显示。

随着计算机技术在测量系统中的应用,数字信号处理技术得到越来越广泛的使用。数字信号处理和模拟信号处理相比有稳定性、重复性好等优点。例如,数字滤波器在测量数据的信号提取和噪声抑制方面起着十分重要的作用;为了提高检测精度,减少硬件电路的开销,传感器线性化软件在工程实践中具有重要的应用价值。这些都是微机数字化测量技术的强大优势。

第 2 章

实验设计及数据处理

Experimental design and data processing

2.1 传感器实验设计(experimental design of sensors)

传感器实验设计的目的是通过设计的实验及其获得的数据来分析传感器的各种特性,因此实验的设计都源于对传感器特性的估计。设计全面及科学的实验可以完整地获得传感器的各项特性参数,根据其特性参数我们可以确定传感器的应用领域及应用范围。而传感器实验方法被简化和固化后可应用于实际的医学和工业检测。

实验设计就是根据传感原理和测量对象(物理、化学或生物量)确定需要被评估的传感器静态特性和动态特性的过程。即根据上述的传感器静态特性:线性度、灵敏度、迟滞、重复性、精度、灵敏限、零点漂移、温漂、测量范围,以及动态特性:时间常数 τ、上升时间 t_r、响应时间 t_s、超调量 α、迟延时间 t_d、衰减度 ψ,来设计实验。

传感器实验的过程简单来说就是给传感器一个定量的输入(即测量对象),观测其对应输出量的过程。在这个多次观察的过程中,如何确定和量化观察结果的可信度是实验设计需要解决的问题。为了更好地理解实验设计的方法,我们首先需要了解误差的概念。

2.2 误差和误差的分类(errors and classification of errors)

测量过程中,测量设备、测量对象、测量方法和测量者本身都不同程度地受到各种因素的影响;其次,测量过程中必须对测量系统施加作用,才能使测量系统给出测量结果,也就是说,测量过程一般都会改变被测对象原有的状态。因此,测量结果所反映的并不是被测对象的本来面貌,而只是一种近似。故测量不可避免地存在测量误差。测量误差就是测量值与真值之间的差值。所谓真值,是指一定的时间及空间条件下,某被测量所体现的真实数值。测量的目的是为了求得被测量的真值的逼近值。

2.2.1　误差的表示方法(representation methods of errors)

(1)绝对误差(absolute error)

某一测量值 A 与真值的差值为绝对误差 ΔX。由于真值是无法求得的,在实际测量中,常用某一被测量多次测量的平均值,或上一级标准仪器测量所得的示值来代替真值,该值称为约定真值 A_0。$\Delta X = A - A_0$。

(2)相对误差(relative error)

相对误差常用来表示测量精度的高低,相对误差有:

①实际相对误差(practical relative error)

实际相对误差是用绝对误差 ΔX 与被测量的约定真值 A_0 的百分比来表示的相对误差,即 $\Delta X / A_0 \times 100\%$。

②满度(或引用)相对误差(full scale relative error)

满度相对误差是用绝对误差 ΔX 与仪器满度值 X_m 的百分比来表示的相对误差,即 $\Delta X / X_m \times 100\%$。

当 ΔX 取最大值时的满度相对误差常用来确定仪表的精度等级 S。国家规定电工仪表精确度等级分为 $0.1, 0.2, 0.5, 1.0, 1.5, 2.5, 5.0$ 七级。例如 0.2 级表的引用误差的最大值不超过 $\pm 0.2\%$。

2.2.2　误差的分类(classification of errors)

(1)按误差的性质分类(classification according to the nature of the error)

①系统误差(systematic error)

在相同条件下多次测量同一物理量时,其误差的绝对值符号保持不变;或者在条件改变时,按某一确定的规律变化的误差,称为系统误差。其误差值不变的又称为定值系统误差,误差值变化的则称为变值系统误差。

系统误差产生的原因主要有:测量系统本身性能不完善而产生的误差;检测设备和电路等安装、布置、调整不当而产生的误差;测量过程中因温度、气压等环境条件发生变化所产生的误差;测量方法不完善或者测量所依据的理论本身不完善等原因所产生的误差等。总之系统误差的特征是:误差出现的规律性和产生原因的可知性。

②随机误差(random error)

在相同条件下多次测量同一被测量时,在已经消除引起系统误差的因素之后,测量结果仍有误差,而其变化是无规律的随机变化,这类误差称为随机误差。随机误差服从统计规律,如正态分布、均匀分布等。

引起随机误差的原因都是一些微小因素,且无法控制。只能用概率论和数理统计的方法去计算它出现的可能大小。

随机误差具有下列特性:

a.绝对值相等、符号相反的误差在多次重复测量中出现的可能性相等;

b.在一定测量条件下,随机误差的绝对值不会超出某一限度;

c.绝对值小的随机误差比绝对值大的随机误差在多次重复测量中出现的机会多。

③粗大误差(gross error)

粗大误差的产生是由于测量者在测量时疏忽大意或环境条件突变而造成的。粗大误差一般都比较大,没有规律性。

在测量中,系统误差、随机误差、粗大误差三者同时存在,但是它们对测量过程及结果的影响不同。根据其影响程度的不同,测量精度也有不同的划分。在测量中,若系统误差小,则称测量的准确度高;若随机误差小,则称测量的精密度高;若二者综合影响小,则称测量的精确度高。

在测量中,定值系统误差一般可用实验对比法发现,并用修正法等予以消除;变值系统误差一般可用残余误差观察法发现,并从硬件和软件方面采取措施消除它,比如从软件上采用"对称法",可消除线性变值系统误差;采用"半周期法",可消除周期性变值系统误差等。

随机误差对测量过程及结果的影响是必然的,但其规律有明显的不确定性,借助概率与数理统计以及必要的数据处理,只能描述出随机误差的影响极限范围,并进而给出最接近真值的测量结果,但随机误差无法消除。

有粗大误差的测量结果是不可取的,有粗大误差影响的测值可根据一定的规则判断出来,并予剔除。

(2)按被测量与时间的关系分类(classification according to the relation between measurement and time)

①静态误差(static error)

在被测量不随时间变化时所测得的测量误差称为静态误差。

②动态误差(dynamic error)

被测量随时间变化时进行测量所产生的附加误差称为动态误差。动态误差是由于测量系统对输入信号变化响应上的滞后,或输入信号中不同频率成分通过测量系统时受到不同的衰减和延迟而造成的误差。动态误差的大小为动态中测量和静态中测量所得误差值的差值。

(3)按使用角度分类(classification according to the condition of use)

①基本误差(basic error)

基本误差是指测量系统在规定的标准条件下所具有的误差。例如在电源电压$220\pm2V$、电网频率$50\pm2Hz$这个条件下工作时,测量系统所具有的误差为基本误差。

②附加误差(additional error)

当测量系统的使用条件偏离额定条件时,就会出现附加误差。

2.3 实验设计思路与步骤(experimental design and procedures)

(1)实验设计目的(purpose of experimental design)

传感器实验是为了确定和量化传感器的各项特性。通过实验观察的方法所产生的误差会影响我们对于传感器特性的认识,因此实验设计时需要使用科学的方法来定量估计观测时的误差,从而实现对观测结果的校准。

(2)实验设计的思路与主要步骤(main steps and idea of experimental design)

①明确传感器的传感原理,选定实验需要的被测量(传感器输入),准备标准的量化输入量。如血糖传感器的实验,需要准备不同葡萄糖浓度的标准溶液;温度传感器实验,需要准备标准的温度计来对传感器结果进行对比。

②根据需要确定的静态或动态特性,选择需要的数据变量进行记录。如线性度、灵敏度的实验,需要记录的是传感器对于不同输入量的稳态响应值;而响应时间、超调量等动态实验,需要记录传感器在时域上的输出变化。

③根据系统误差和随机误差的假设范围和模型估计,确定实验的观察频率以及观察范围。如假设随机误差的波动范围为观测值的±5%,根据统计模型估算出需要大约9次的重复观察才能消除随机误差对于观测的影响。

④科学地设计观察表格用于记录实验数据,编写并论证实验步骤。

⑤严格按实验步骤进行实验并如实记录实验数据。

⑥运用数学建模方法分析实验数据,并根据分析结果建立传感器的静态和动态特性模型。

实验设计的前瞻性和完整性可以帮助我们科学地获得高效的实验数据,从而省却很多不必要的重复实验,节省大量的时间和材料。而实验数据的处理和分析直接关系到对传感器特性的认知,因此我们在下面一节着重对实验数据的处理和分析进行讲解。

2.4 实验数据的处理(data processing)

实验中数据的读取是误差的主要来源之一。早期的传感器实验大多是直接读取模拟信号数值,因此容易存在较大的人为读取误差。现代传感器技术由于广泛应用了模数转换器件,数据读取的误差可被控制在数字器件读数最小分辨率的范围之内,因此这部分的误差主要体现在模数转换器件的系统误差上。而不论是模拟数值读取还是数字数值读取,都需要确定测量的有效数字。

2.4.1　测量数据有效数字的表示方法(representation of the measurement data with effective number)

测量数据需要用几位数字来表示,测量或计算结果涉及到有效数字和计算规则的问题。理论上模拟读数有效数字的最末位是测量仪表最小刻度的后一位;对于数字读数,有效数字的最末位是模数转换器件最小分辨率的后一位。

(1)有效数字的概念(concept of effective digits)

以指针式电压表为例,如果指针在 43~44V 之间,可记作 43.5V,其中数字"43"是准确可靠的,称为可靠数字,而最后一位数"5"是估计出来的不可靠数字(欠准数),两者合称为有效数字。对于 43.5 这个数字来说,有效数字位是三位。如果指针指在 30 的地方,应记为 30.0V,这也是三位有效数字。

数字"0"在数中可能是有效数字,也可能不是有效数字。例如 43.5V 还可写成 0.0435kV,这时,前面的两个"0"仅与所用的单位有关,不是有效数字,该数的有效数字仍为三位。对于读数末位的"0"不能任意增减,它是由测量设备的准确度来决定的。

(2)有效数字的正确表示(correct expression of effective digits)

①记录测量数据时,只保留一位不可靠数字,通常,最后一位有效数字可能有 ±1 个单位或 ±0.5 个单位的误差。

②在所有计算式中,常数(如 π、e 等)及乘子$\left(\sqrt{2}、\dfrac{1}{3}\text{等}\right)$的有效数字的位数可以没有限制,在计算时需要几位就取几位。

③大数值与小数值要用幂的乘积形式来表示。例如,测得某电阻值是一万五千欧姆,有效数为三位,则记为 $1.50 \times 10^4 \Omega$ 不能记为 15000Ω。

④表示误差时,一般只取一位有效数字,最多取二位有效数字,如 $\pm 1\%$、$\pm 1.5\%$。

(3)有效数位的修约(化整)规则(rounding rules of effective digits)

当有效数字位数确定后,多余的位数应一律舍去,其规则为:

①被舍去的第一位数小于 5,则末位不变。例如把 0.13 修约到小数点后一位数,结果为 0.1。

②被舍去的第一位数大小 5,则末位数加 1。例如把 0.78 修约到小数点后一位数,结果为 0.8。

③被舍去的第一位数等于 5,而 5 之后的数不全为 0,则末位加 1。例如把 0.4501 修约到小数点后一位数,结果为 0.5。

④被舍去的第一位数等于 5,而 5 之后的数全为 0,则当末位数为偶数时,末位数不变;末位数为奇数时,末位数加 1。例如把 0.250 和 0.350 修约到小数点后一位数,结果分别为 0.2 和 0.4。

(4)有效数字的运算规则(operation rules of effective digits)

处理数据时,常常需要运算一些精确度不相等的数值,按照一定规则计算,既可以提高计算速度,也不会因数字过少而影响结果的精确度,常用规则如下:

①加减运算

各数所保留的小数点后的位数,一般应与位数中小数点后位数最少的相同。例如
13.6、0.056 和 1.666 相加小数最少位数的是一位(13.6),所以应将其余二数修约到小数
点后一位数,然后相加,即

$$13.6+0.1+1.7=15.4$$

为了减少计算误差,也可在修约时多保留一位小数,即

$$13.6+0.06+1.67=15.33$$

其结果应为 15.3。

②乘除运算

各因子及计算结果所保留的位数,一般以百分数误差最大或有效数字位数最少的项
为准。例如 0.12、1.057 和 23.41 相乘,有效数字最少的是二位(0.12),则

$$0.12×1.1×23=3.036$$

其结果应为 3.0

同样,为了减少计算误差,也可多保留一位有效数字,即

$$0.12×1.06×23.4=2.97648$$

其结果应为 3.0。

用电子计算器运算时,计算结果的位数同样按上述原则决定,不能因计算器上显示几
位就记录几位。

2.4.2　实验数据的处理方法(processing methods of experimental data)

实验数据处理的目的,是为了从数据中找到表征传感器特性的规律,并依据实验数据
构建传感器特性的数学模型,从而加深对传感原理的认识,确定传感器的工作范围和适用
领域。依据实验数据处理的步骤,首先需要对记录的数据进行直观的观测以期能发现传
感器特性的大致趋势。在这个过程中可以运用列表法、图形表示法对实验数据进行初步
的处理和分析,这一阶段只是原始数据的直接表征,或简单数值变换后的表征,其目的是
为了使传感特性能易于被直接观测;其次根据传感原理的数学模型,使用实验数据和参数
估计方法对传感器特性建模,这个过程可被称为方程法。这三种方法各有其优缺点。同
一组实验数据并不一定同时需要用这三种方法来表示。方法的选择主要依据实际需求而
定,如对于传感器在其工作范围内的特性,最为重要的就是方程法所得到的特性模型,因
为我们需要根据特性模型的计算来确定传感器响应值所对应的被测量值;而对于传感器
的检测下限或动态特性,我们只需要直观地了解其特性参数,因此图形表示法会比较适
合。本小节将分别讨论这三种方法。此外,还将介绍如何应用相关数据处理软件
(OriginProfessional)实现这三种方法。

一、列表法(tabulation method)

(1)列表法的特点(fedture of tabulation method)

所有测量至少包括两个变量,一个叫自变量,另一个叫因变量。列表法就是将一组数

据中的自变量和因变量的各个数值依一定的形式和顺序一一对应列于表格中。

列表法有许多优点：

①简单易作，不需要特殊纸质和仪器；

②数据易于参考比较；

③形式紧凑；

④同一表内可以同时表示几个变量间的变化而不混乱；

⑤如表中所列 x 和 y 间有 $y=f(x)$ 的函数关系，则不必知道函数的形式，就可以对 $f(x)$ 求微分和积分。

关于表的形式，就一般而言有三种形式，即定性式、统计式和函数式。这里仅讨论函数式。函数式表的特征，主要是自变量 x 与因变量 y 的各个对应值，均在表中按 x 的增加或减少的顺序一一列出来。一个完整的函数式表应包括表的序号、名称、项目、说明以及数据的来源等五项。

下面将对列表的有关问题加以讨论。首先讨论表的写法，其次介绍数据分度方法。数据的分度也叫作数据的匀整。

（2）列表时应注意的事项（matters need attention of tabulation method）

①表的名称及说明：表的名称应简明扼要，一看即可知其内容。如遇过于简单而不足以说明原意时，则可在名称下面或表的下面附以说明，并注出数据来源。

②项目：项目应包括名称和单位，一般在不加说明即可了解的情况下，应尽量用符号代表。表内的主项习惯上代表自变量 x、副项代表因变量 y。至于自变量的选择，一般以实验中能够直接测得的物理量，如温度、电流、电压等作自变量。

③数值的写法：数值的写法应注意整齐统一，下面是一些书写规则：

• 数值为零时记为 0，数值空缺时记为—。

• 同一列的数值，小数点应对齐。

• 如果数值为小数，小数点后第一、二位又非零，习惯上只在每行第一个数值的个位上写一个零，以下各数均可将零省去。

• 如果小数点左面的第一位数不为零，但在整个表中仅偶然有变化，同样，只在头一个数写个位数，直到个位数有变化时，才换写另一个位数。

• 如果各数值的有效数字位数很多，但在表中只有后面几位有变化，则只有第一个数值写前面的几位数，以后各数均不再写，如 299.728，.733，.738，.818。

• 当数值过大或过小时，应以 10^{+n} 或 10^{-n} 表示，n 为整数。

• 有效数字位数相同，各数值间的变化为数量级变化，则用 10 的方次表示较为方便。

④自变量 x 间距的选择：列表时，通常 x 取整数或其他方便的值，按增加或减小的顺序排列。相邻二数值之差 ΔX 称为表差或间距。如差值为恒定，则称 ΔX 为公差或定差。因 X 通常为整数，故 ΔX 一般为 1、2 或 5 乘以 10^n，n 为整数。ΔX 的值不能过大或过小，过大则使用时需要的内插过多，且不准确。过小则表太繁，表的篇幅太大。但当表的目的为求变化速率或总和时，ΔX 越小所得结果越准确；反之，若作表为求相邻数值的恒定比值，则 ΔX 稍大，反较准确。

(3)数据的分度(data indexing)

通常由实验测得的数据,自变量和因变量的变化,一般是不够规则的,应用起来很不方便。数据的分度就是将表中所列的数据更有规则地排列起来,即当自变量 X 作等间距顺序变化时,因变量 y 亦随着顺序变化。这样作出的表,查阅起来就方便多了,见表2.4.1。

数据的分度一般有代入公式法、图解法、最小二乘法和差分图解 4 种。

表 2.4.1　按自变量等间距排序的数据分度示例

T_m(℃)	C_V	ΔC_V	$\Delta C'_V$	$\Delta 2 C'_V$	C'_V	$C'_V - C_V$	$\Delta C''_V$	$\Delta 2 C''_V$	C''_V	$C''_V - C_V$
100	6.130				6.130	0.000			6.129	−0.001
200	6.250	0.120	0.120	−0.012	6.250	0.000	0.012	−0.012	6.249	−0.001
300	6.355	0.105	0.100	−0.012	6.358	+0.003	0.108	−0.012	6.357	+0.002
400	6.454	0.099	0.090	−0.011	6.454	0.000	0.096	−0.011	6.453	−0.001
500	6.545	0.091	0.085	−0.010	6.551	+0.006	0.085	−0.011	6.538	−0.001
600	6.610	0.065	0.075	−0.009	6.614	+0.004	0.074	−0.009	6.612	+0.002
700	6.678	0.068	0.066	−0.008	6.680	+0.002	0.065	−0.007	6.677	−0.001
800	6.731	0.053	0.058	−0.005	6.738	+0.007	0.058	−0.005	6.735	+0.004
900	6.785	0.054	0.053	−0.003	6.791	+0.006	0.053	−0.004	6.788	+0.003
1000	6.831	0.046	0.050	−0.003	6.841	+0.010	0.050	−0.003	6.838	+0.007
1100	6.884	0.053	0.047	−0.003	6.888	+0.004	0.047	−0.003	6.835	+0.001
1200	6.930	0.046	0.044	−0.002	6.932	+0.002	0.044	−0.002	6.929	−0.001
1300	6.969	0.039	0.042	−0.003	6.974	+0.005	0.042	−0.003	6.971	+0.002
1400	7.010	0.041	0.039	−0.003	7.013	+0.003	0.039	−0.003	7.010	0.000
1500	7.046	0.036	0.034	−0.003	7.049	+0.003	0.036	−0.002	7.040	0.000
1600	7.079	0.033	0.033	−0.002	7.082	+0.003	0.034	−0.003	7.080	+0.001
1700	7.108	0.029	0.031		7.113	+0.005	0.031		7.111	+0.003
1750	7.124									

二、实验数据图形表示法(graphical representation of experimental data)

实验数据图形表示法,就是根据笛卡尔解析几何原理,用几何图形,如线的长度、表面的面积、立体的体积等将实验数据表示出来。此种方法在数据整理上极为重要,其优点在于形式简单直观,便于比较,易显出数据中的最高点、最低点、转折点、周期性以及其他奇异性等。此外,如果图形作得足够准确,则不须知道变数间的数学关系式,即可对变数求微分或积分。

在计算机辅助作图之前图形的制作都是用手工完成的,一个图形往往因在作图过程中忽略某些基本原则而失去其应有的作用。在那时如何将一组数据正确地用图形表示出来是十分重要的。如今,我们可以利用专业的数据处理软件如 Excel、Origin、MATLAB、SPSS 和 SAS 等,来快速完成标准的作图。有了计算机的辅助绘图,我们只需要选定坐标分度并且对图表进行注解和说明。具体的方法我们会在以下的数据处理软件中详细说明。

三、实验数据方程表示法(equation representation of experimental data)

当一组实验数据用表格或图形表示后,进一步常需要用方程式或经验公式将数据表示出来。因为经验公式不仅形式紧凑,而且在微分、积分或内插上均有莫大的帮助。下面将对如何获得一满意公式,加以简单讨论。

(1)经验公式的选择(choice of empirical formula)

一个理想的经验公式,一方面既要求形式简单,所含任意常数不要太多,更重要的是要求它能够准确地代表一组实验数据。好的经验公式就是能以尽量简单的形式满足必要的准确性。将一组实验数据画图,根据经验和解析几何原理,猜测经验公式应有的形式。当用事实来验证而发现此形式不完全满意时,则另立新式来重加试验,直到获得满意结果为止。公式中最简单的当然是直线式,但实际的数据未必都能用直线式表示。

图 2.4.1 至图 2.4.6 为常见的几种方程式类型,以及当式中常数改变时所得各种不同类型的曲线。这些方程和曲线,对于初学者来讲,可能有参考价值。

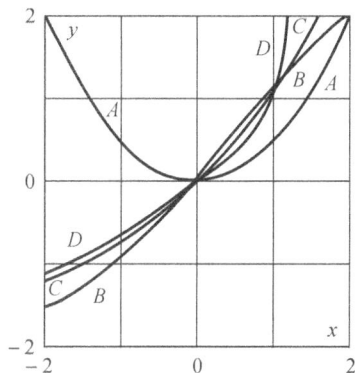

图 2.4.1

A: $y = 0.5x^2$

B: $y = x + 0.1x^2$

C: $y = x + 0.2x^2$

D: $x = y/0.8 - y/0.88$

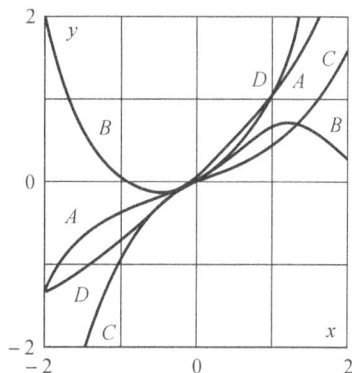

图 2.4.2

A: $y = x/2 + x^2/3 + x^3/4$

B: $y = x/2 + x^2/3 + x^3/4$

C: $y = x/2 + x^2/3 + x^3/4$

D: $y = x + 0.2x^2 + 0.05x^3$

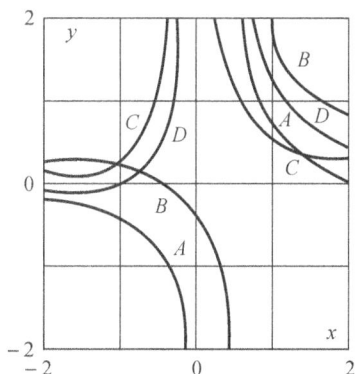

图 2.4.3

A: $xy = 0.5x$

B: $(x - 0.5)(y - 0.5) = 0.5$

C: $x^2 y = 0.5$

D: $y = 0.5(1/x + 1/x^2)$

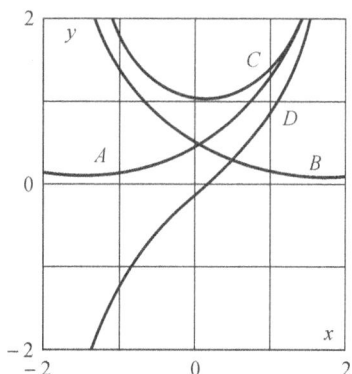

图 2.4.4

A: $y = 0.5e^x$

B: $y = 0.5e^{-x}$

C: $y = 0.5(e)^x + e^{-x}$

D: $y = 0.5(e)^x - e^{-x}$

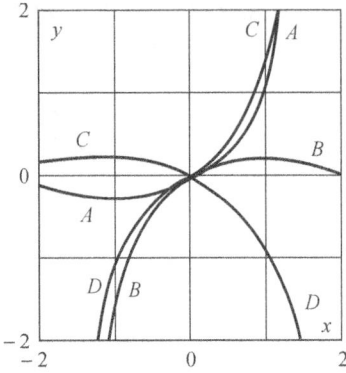

图 2.4.5

A：$y=0.5x\mathrm{e}^x$

B：$y=0.5x\mathrm{e}^{-x}$

C：$y=0.5x^2\mathrm{e}^x$

D：$y=0.5x(\mathrm{e}^{-x}-\mathrm{e}^x)$

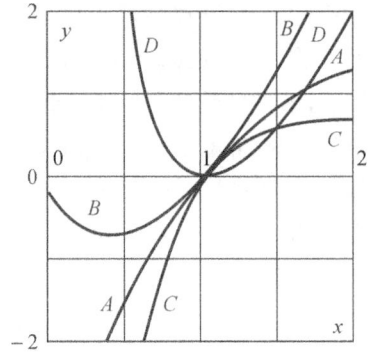

图 2.4.6

A：$y=\ln x$

B：$y=x\ln x$

C：$y=(1/x)\ln x$

D：$y=(x-1/x)\ln x$

试验某一特定类型公式能否代表一组实验数据,事先并不需要求出式中的常数。凡式中所含常数不多,例如只有一个或两个时,以用图解法最方便。在其他复杂情况下则用列表法较为合适。

(2) 图解试验法(graphical test method)

图解试验法可分作三步:

①将 $f(x,y,a,b)=0$ 关系式写成函数 F_1 和 F_2 的直线式,F_1 和 F_2 中不含常数 a 和 b,如下式所示:

$$F_1=A+BF_2 \tag{2.4.1}$$

F_1 和 F_2 这两个函数,通常其一只含 x,另一只含 y,A 和 B 是 a 和 b 的函数。

②求出数对,例如四对与 x 和 y 相对应的 F_1 和 F_2 的值。这四对值对选择 x,y 值相隔较远的为合适。

③以 F_1 和 F_2 画图,若所得图形为一直线,则证明原先所选定的函数的形式是合适的。现用此法说明表 2.4.2 所列数据是否可用下式表示:

$$y=a\mathrm{e}^{bx} \tag{2.4.2}$$

式中,y_c 为根据(2.4.2)式计算所得的 y 值。

表 2.4.2　图解法计算经验公式的示例数据

x	1	2	3	4	5	6	7	8	9
y	1.78	2.24	2.74	3.74	4.45	5.31	6.92	8.85	10.97
$\lg y$	0.250	0.350	0.438	0.573	0.648	0.725	0.840	0.947	1.040
y_c	1.76	2.21	2.78	3.51	4.39	5.52	6.93	8.71	10.94

将(2.4.2)式写成(2.4.1)式的形式,得

$$\lg y=\lg a+(b\lg e)x \tag{2.4.3}$$

式中,$\lg y$ 相当于(2.4.1)式中的 F_1;x 相当于 F_2;$\lg a$ 相当于 A;$b\lg e$ 相当于 B。

以 $\lg y$ 与 x 画图(如图2.4.7中四个○),所得图形为一直线,故证明用(2.4.2)式代表数据是合适的。

可以用图解法检验的含有两个常数的方程式有以下几种类型:

$$y=ax;\quad y=a+b^x;\quad y=abx;\quad y=ae^{bx};\quad y=ax^b;$$

$$y=\frac{x}{a+bx};\quad y=e^{(a+bx)}\text{ 等类型}$$

(3)表差法(express difference method)

设一组实验数据可用一多项式表示,当式中含有常数的项多于两个时,则用表差法决定方程的次数较为合适。表差法的步骤如下:

①将实验数据画图;

②自图上根据定 Δx,列出 x,y 的各对应值;

③根据 x,y 的观测值作出差值表;

④确定差值近似恒定的差级,此差级就是方程的次数。

现用下例说明此法的原理和应用。设经验公式可用下式表示。

$$y=a+bx+cx^2+dx^3 \tag{2.4.4}$$

则 $\quad y+\Delta y=a+b(x+\Delta x)+c(x+\Delta x)^2+d(x+\Delta x)^3 \tag{2.4.5}$

将上式展开并考虑到(2.4.4)式,可得

$$\Delta y=(b\Delta x+c\Delta x^2+d\Delta x^3)+(2c\Delta x+3d\Delta x^2)x+3d\Delta x\cdot x^2$$

因为 Δx 为常数,故上式可写为

$$\Delta y=a'+b'x+c'x^2 \tag{2.4.6}$$

式中,a',b',c' 为新的常数,仿效上面的作法得

$$\Delta''y=a''+b''x,\quad \Delta'''y=a''' \tag{2.4.7}$$

(2.4.7)式说明,若 Δx 为常数,方程式中的 x 的最高次方为 3 时,三级表差值为常数。反之,若三级表差值为常数,则此组实验数据可用(2.4.4)式表示,示例见表 2.4.3。

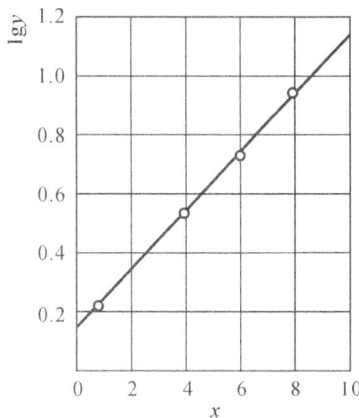

图 2.4.7　图解法评价方程

表 2.4.3　表差法评价经验公式的示例

观 测 值		自 图 上 读 取 值		顺 序 差 值		
x	y	x	y	Δy	$\lg(\Delta y)$	$\Delta\lg(\Delta y)$
0.50	17.3	0	16.6			
1.75	19.0	1	17.9	1.3	0.114	0.090
2.75	21.0	2	19.5	1.6	0.204	0.097
3.50	22.5	3	21.5	2.0	0.301	0.079
4.50	35.1	4	23.9	2.4	0.380	0.097
5.25	28.0	5	26.9	3.0	0.477	0.091
6.00	30.3	6	30.6	3.7	0.568	0.085
6.50	33.0	7	35.1	4.5	0.653	0.103
7.50	38.0	8	40.8	5.7	0.756	

(4)经验公式中常数的求法(determination of constant in empirical formula)

经验公式中常数的求法很多,最常用的有直线图解法、选点法、平均法、最小二乘法等。

①图解法:凡给定数据可以直接描绘成一条直线或经适当处理后能改为直线时,均可用此法。具体作法是先将 x 与 y 的各对应点画在直角坐标纸上。然后作一直线,使该直线尽可能靠近每一个点。这条直线可以写成:

$$y = ax + b$$

式中, a 是直线的斜率,可由直角三角形的 $\Delta y / \Delta x$ 的比值来读出,但应注意 Δx, Δy 的距离应按笛卡尔坐标度量。 b 是直线在 y 轴上的截距,如图 2.4.8 中的各图所示。

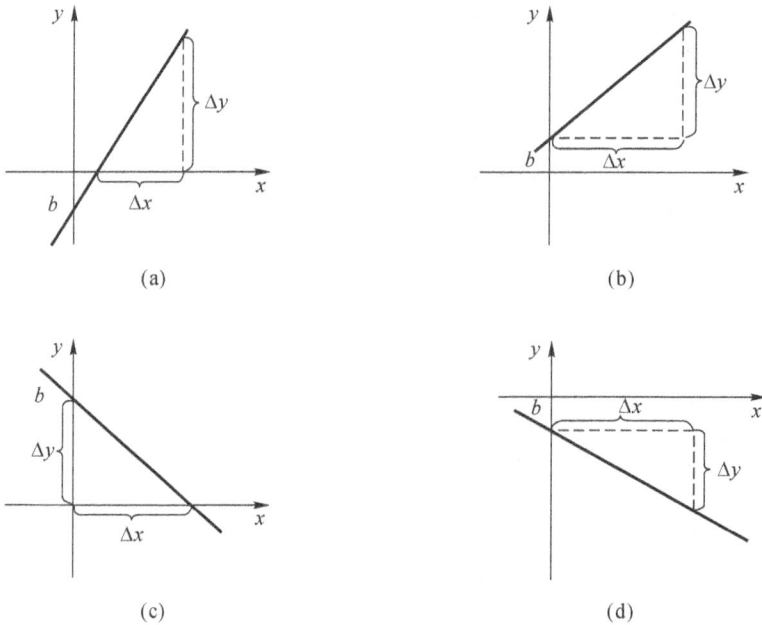

图 2.4.8　不同直线方程下的图解法估计参数

图解法的精确度,一般可达 0.2% 至 0.5%,这样所求常数的有效数字不超过三位时,图解法已足够。图解法中除画点有误差外,求直线位置时也同样有误差。因此,这种方法总的精确度近于 0.5%。

例 2.1　由下面给出的 x 与 y 的一组对应数值,用作图的方法求出直线式 $y = ax + b$ 中的 a 与 b。

x	1	3	8	10	13	15	17	20
y	3.0	4.0	6.0	7.0	8.0	9.0	10.0	11.0

解　由图 2.4.9 得:

$$b = 2.73, a = \frac{\Delta y}{\Delta x} = \frac{11.09 - 2.73}{20.0 - 0} = 0.418$$

故直线为

$$y = 2.73 + 0.418x$$

直线的斜率,亦可用解析几何中的其他方法求得,此处不再赘述。当经验公式中含有常数的项多于两个时,首先应设法消去一个常数,然后再按二常数法处理。消去方法视方程的类型而定,例如方程为

$$y = a + bx + cx^2$$

此式为一抛物线的方程,a 为抛物线在 y 轴上的截距。设所给数据接近 $x=0$,或曲线 $y=f(x)$,可外推至 $x=0$,这样,常数 a 可直接求得。于是令新变量 $y'=y-a$,上式可表示为

$$\frac{y'}{x} = b + cx$$

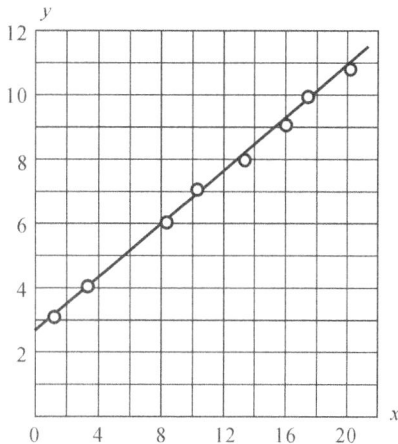

图 2.4.9 根据例 2.1 数据作图的直线

仿照上面的方法,就可求出常数 b 和 c。

如果 a 值不易求得,则可将坐标原点移至 (x_0, y_0),此点确知为曲线所通过的点。在此新原点上 (x', y') 相当于 $(x-x_0, y-y_0)$。因曲线通过此点,故得

$$y' = b'x' + c'x'^2 \tag{2.4.8}$$

$$\frac{y'}{x'} = b' + c'x' \tag{2.4.9}$$

b' 和 c' 可由 $\frac{y'}{x'} = f(x')$ 画图求解得,于是得

$$c = c' \tag{2.4.10}$$

$$b = b' - 2c'x_0 \tag{2.4.11}$$

$$a = y_0 - b'x_0 + c'x_0^2 \tag{2.4.12}$$

对于具有三个常数的公式,此法所得结果不比选点法可靠,故不作详细讨论。

②选点法:选点法又称联立方程法。设一组实验数据用方程表示时,式中含有 k 个常数,则由 k 个方程式就可求出这些常数的值。用此法求常数时,一般为将实验数据范围内的各 x, y 的对应值,逐次代入公式内,根据常数的个数建立足够的方程。例如直线式

$$y = ax + b$$

中,只要分别代入两对数值,解所得联立方程,即可求得 b 和 a。

当实验数据精确度很高时,此法与图解法所得精确度不相上下。但由于任意选点来代入公式的缘故,由一组 k 个数值求得常数与另一组 k 个数值求得的常数有出入,且在此法中,所求常数的有效数字通常较少。

例 2.2 根据下列数据,求出直线式 $y = ax + b$ 中的常数

x	1	3	8	10	13	15	17	20
y	3.0	4.0	6.0	7.0	8.0	9.0	10.0	11.0

解 我们选第二与第七两数值代入,得

$$3a + b = 4.0 \qquad 17a + b = 10.0$$

由此解得 $b = 2.72$,$a = 0.428$,故方程为

$$y = 2.72 + 0.428x$$

③平均法：平均法的原理为：在一组测量中，正负偏差出现的机会相等。故在最佳的代表线上，所有偏差的代数和将为零。

设一方程内含有 k 个常数，用平均法求此 k 个常数的的步骤如下：

- 将所测 n 对观测值代入方程内，得 n 个方程。
- 将此 n 个方程任意分为 k 组，使每组所含的方程个数近于相等。
- 对每组方程各自进行相加，分别合并为一式，共得 k 个方程。
- 解此 k 个联立方程，得 k 个常数值。

设方程为

$$v = a + bx + cx^2$$

在实验中测得 6 对 x, y 值，将此 6 对 x, y 值代入上式，可得 6 个方程

$$y_1 = a + bx_1 + cx_1^2 \qquad y_2 = a + bx_2 + cx_2^2$$
$$y_3 = a + bx_3 + cx_3^2 \qquad y_4 = a + bx_4 + cx_4^2$$
$$y_5 = a + bx_5 + cx_5^2 \qquad y_6 = a + bx_6 + cx_6^2$$

若将此 6 个方程分为 3 组，每组有两个方程，共有 15 种分法，因此可得 15 组常数值。实验表明，将观测值按顺序代入，依次将方程分成为 k 组时，所得的结果最好。

例 2.3 设 $y = b + ax$，由下列测量数据求出式中的常数 b 和 a。

x	1	3	8	10	13	15	17	20
y	3.0	4.0	6.0	7.0	8.0	9.0	10.0	11.0

解 依次代入，得下列 8 个方程

$$b + a = 3.0 \qquad b + 3a = 4.0 \qquad b + 8a = 6.0 \qquad b + 10a = 7.0$$
$$b + 13a = 8.0 \qquad b + 15a = 9.0 \qquad b + 17a = 10.0 \qquad b + 20a = 11.0$$

将前四式分为一组，后四式为另一组。每组方程各自进行相加，得到两个方程：

$$4b + 22a = 20.0 \qquad 4b + 65a = 38.0$$

解此联立方程，得

$$b = 2.70 \qquad a = 0.420$$

代入原方程得

$$y = 2.70 + 0.420x$$

④最小二乘法：利用最小二乘法求常数时，需要以下两个假定：

- 所有自变量的各个给定值均无误差，因变量的值有测量误差。
- 最好的曲线为能使各点同曲线的偏差的平方和为最小。

由于偏差的平方均为正数，故若平方和为最小，意即这些偏差很小，故最佳线为尽可能靠近这些点的曲线。图 2.4.10 为一直线关系式曲线，为便于说明起见，将偏差扩大了若干倍。

图中偏差是根据上述第一条假定用曲线和点 y 坐标差表示，而不是用与曲线的垂直距离表示。

设有 n 对 x, y 值适合方程：

$$y = b + ax$$

令 y' 代表当 b, a 已知时,根据 x 值计算的 y 值,则

$$y_1' = b + ax_1$$

测量值与曲线的偏差为

$$d_1 = y_1 - y_1' = y_1 - (b + ax_1)$$

或

$$d_1 = y_1 - b - ax_1$$

令

$$Q = \sum d_i^2$$

则

$$Q = (y_1 - b - ax_1)^2 + (y_2 - b - ax_2)^2 + \cdots$$
$$+ (y_n - b - ax_n)^2 \tag{2.4.13}$$

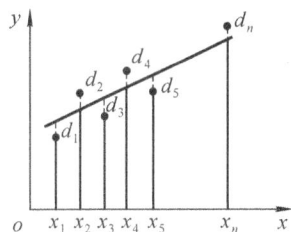

图 2.4.10　直线关系式曲线

式中的 x_i, y_i 为测量中已固定的值, b 和 a 则为变数。欲使上式的结果为最小,由数学中求极值的方法知

$$\frac{\partial Q}{\partial b} = 0 \qquad \frac{\partial Q}{\partial a} = 0$$

将(2.4.13)式分别代入上面二式,

由 $\frac{\partial Q}{\partial b} = 0$ 可得

$$-2(y_1 - b - ax_1) - 2(y_2 - b - ax_2) - \cdots - 2(y_n - b - ax_n) = 0$$

或

$$(y_1 - b - ax_1) + (y_2 - b - ax_2) + \cdots + (y_n - b - ax_n) = 0$$

即

$$\sum y_i - nb - a \sum x_i = 0 \tag{2.4.14}$$

同理,由 $\frac{\partial Q}{\partial a} = 0$ 可得:

$$-2x_1(y_1 - b - ax_1) - 2x_2(y_2 - b - ax_2) - \cdots - 2x_n(y_n - b - ax_n) = 0$$

即有

$$\sum x_i y_i - b \sum x_i - a \sum x_i^2 = 0 \tag{2.4.15}$$

式(2.4.14)和(2.4.15)是用最小二乘法求直线中常数 b 同 a 时的一般公式。对比二式联立求解,可得

$$b = \frac{\sum x_i y_i \sum x_i - \sum y_i \sum x_i^2}{(\sum x_i)^2 - n \sum x_i^2} \tag{2.4.16}$$

$$a = \frac{\sum x_i \sum y_i - n \sum x_i y_i}{(\sum x_i)^2 - n \sum x_i^2} \tag{2.4.17}$$

若方程为

$$y = a + bx + cx^2$$

则求 a, b, c 的联立方程为

$$a \sum x_i^2 + b \sum x_i^3 + c \sum x_i^4 = \sum x_i^2 y_i$$

$$a \sum x_i + b \sum x_i^2 + c \sum x_i^3 = \sum x_i y_i$$

$$an + b \sum x_i + c \sum x_i^2 = \sum y_i$$

不能说用最小二乘法求出的常数值就是最佳值,但在以上所介绍的各法中,最小二乘法确为最好的方法。当然,最小二乘法用起来比较繁琐,特别在计算中更是如此。另外,应注意当某一函数经过处理化为直线式时,用最小二乘法所求的常数,仅适用于新变数之间的关系式。例如,当用 lg$x$ 与 lg$y$ 画图为一直线时,函数的形式为:

$$y = kx^n$$

处理后的直线式为

$$Y = b + aX$$

由此式所求出的 b 与 a,仅适用于 lg$x$ 与 lg$y$ 的关系式,而不适用于 x 与 y 的关系式。

例 2.4　应用最小二乘法,由下列测量数据求出直线式 $y = b + ax$ 中的常数 b 与 a 的值。

x	1	3	8	10	13	15	17	20
y	3.0	4.0	6.0	7.0	8.0	9.0	10.0	11.0

解　由所给数值求出

$$\sum x = 87, \sum y = 58.0, \sum x^2 = 1257, \sum xy = 762.0, n = 8$$

将上列各值分别代入(2.4.16)及(2.4.17)式,有:

$$b = \frac{762.0 \times 87 - 58.0 \times 1257}{87^2 - 8 \times 1257} = 2.66$$

$$a = \frac{87 \times 58.0 - 8 \times 762.0}{87^2 - 8 \times 1257} = 0.422$$

则该直线式为

$$y = 2.66 + 0.422x$$

(5) 各种方法可靠程度的比较(comparison of various methods for reliability)

在求常数的方法中,我们共讨论了 4 种比较可靠的方法。在这 4 种方法中,究竟以哪一种为最好,我们可根据由各种方法计算所得结果的或然误差来比较。或然误差定义为

$$\gamma = 0.6745\sqrt{\frac{\sum d_i^2}{n - k}} \tag{2.4.18}$$

式中,d_i——观测值 y_i 与计算值 y_i' 的偏差,即 $d_i = y_i - y_i'$;

n——对应数值的数目;

k——公式中常数的数目。

式(2.4.18)称为贝塞尔或然误差公式,表示误差落在 $\pm \gamma$ 范围之内的应占 50%。

下面是根据前所列数据,应用以上所述的 4 种方法求常数时所得的四个方程

图解法　$y = 2.73 + 0.418x$　　　　选点法　$y = 2.72 + 0.428x$

平均法　$y = 2.70 + 0.420x$　　　　最小二乘法　$y = 2.66 + 0.422x$

可见:每一方程内的常数均不相同,因此根据计算所得偏差应该不同。表 2.4.4 所列的根据观测值,由各个公式计算出来的偏差值及偏差平方值。由(2.4.18)式,可求出各种方法的或然误差

图解法　$\gamma = 0.6745\sqrt{\frac{0.1080}{8 - 2}} = \pm 0.091$

选点法　　　　　　$\gamma = 0.6745\sqrt{\dfrac{0.2185}{8-2}} = \pm 0.13$

平均法　　　　　　$\gamma = 0.6745\sqrt{\dfrac{0.0908}{8-2}} = \pm 0.083$

最小二乘法　　　　$\gamma = 0.6745\sqrt{\dfrac{0.0888}{8-2}} = \pm 0.077$

表 2.4.4　比较不同常数求解方法

图 解 法	$\lvert d\rvert$	0.15	0.00	0.10	0.07	0.20	0.00	0.15	0.009
	d^2	0.0225	0.0000	0.0100	0.0049	0.0400	0.0000	0.0225	0.0081
选 点 法	$\lvert d\rvert$	0.15	0.00	0.14	0.00	0.28	0.14	0.00	0.28
	d^2	0.0225	0.0000	0.0196	0.0000	0.0784	0.0196	0.0000	0.0784
平 均 法	$\lvert d\rvert$	0.12	0.04	0.06	0.10	0.16	0.00	0.16	0.10
	d^2	0.0144	0.0016	0.0036	0.0100	0.0256	0.0000	0.0256	0.0100
最小二乘法	$\lvert d\rvert$	0.08	0.07	0.04	0.12	0.15	0.01	0.17	0.10
	d^2	0.0064	0.0049	0.0016	0.0144	0.0225	0.0001	0.0289	0.0100

　　根据或然误差的定义,误差落在 $\pm\gamma$ 范围之内的应占 50%,由各观测点可得这些方法下误差落在 $\pm\gamma$ 内的百分数

图解法　　　　　　误差落在 ± 0.09 之间的占 50%,

选点法　　　　　　误差落在 ± 0.13 之间的占 50%,

平均法　　　　　　误差落在 ± 0.08 之间的占 50%,

最小二乘法　　　　误差落在 ± 0.08 之间的占 50%。

　　由上面所得结果,可能认为平均法与最小二乘法最好,但考虑到所给的观测值的点数很小,实际上可以认为4种方法都是符合要求的。

2.4.3　数据处理软件中列表法、作图法和方程法的实现(list, mapping and equation in data processing software)

　　在 OriginProfessional 软件中,列表法可通过设计表单(WorkSheet)来实现。根据实验设计先定义自变量(输入标准值)和因变量(传感器对应的输出值),如图 2.4.11 所示。实验数据则可以直接输入到表单中。点击表单中的列(变量),可以增加数据名称、来源的说明和数据属性(如图 2.4.12 所示)。如果数据输入的顺序不利于观测,可通过软件自带的排序功能把数据按自己的需求排序,常用从小到大或从大到小的排序(如图 2.4.13 所示)。

　　选择表单中的变量,点击作图工具按钮,如图 2.4.12 所示。选择自变量(X)和因变量(Y)软件可自动生成图形。完成的图形,需要添加注解和说明:如实验标题,自变量和因变量的分度与单位等。

图 2.4.11　OriginProfessional 软件中的实验数据表单

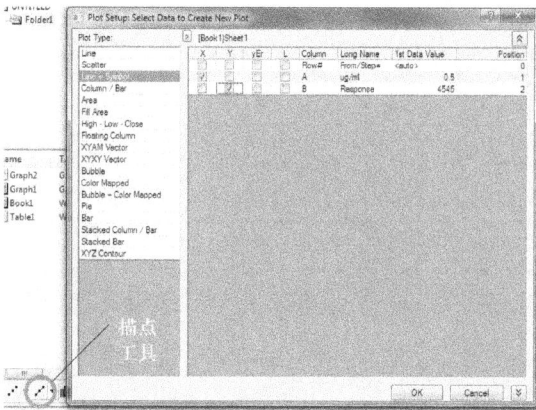

图 2.4.12　Origin 中表单数据自动生成图形功能

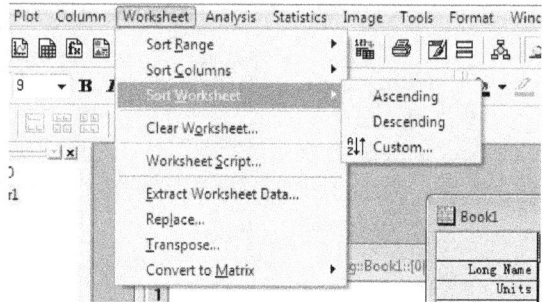

图 2.4.13　Origin 中表单数据排序功能

方程法的步骤可以分为：

①根据传感原理建立数学模型；

②用实验数据验证数学模型是否适用；

③使用实验数据估计数学模型中的参数；

④估算模型的预测误差范围。

在实际应用中，第一步往往是经验公式的选择。Origin 给出了常用的数学模型库以及相对应的图形库，我们可以比较实验数据分布图形和函数库中的函数图形从而选择合适的数学模型。第二步为用图解法或表差法验证所选的数学模型是否适用。Origin 对于所选函数的拟合效果都会给出相关性参数，相关性参数(R)越接近于 1 则说明拟合效果越好。而在数据拟合的过程中，数学模型中的参数已经由实验数据通过最小二乘拟合方法计算出来，因此模型的参数也同时确定了。最后 Origin 会给出模型预测的误差范围，我们可以通过比较不同模型函数的预测误差范围来确定所需要选择的数学模型（如图 2.4.14 所示）。

通过数据处理软件，我们可以快速完成实验结果的图形化，找到适合的数学模型来表征传感器的特性，估计特性模型的参数并用于预测传感器的输出值。

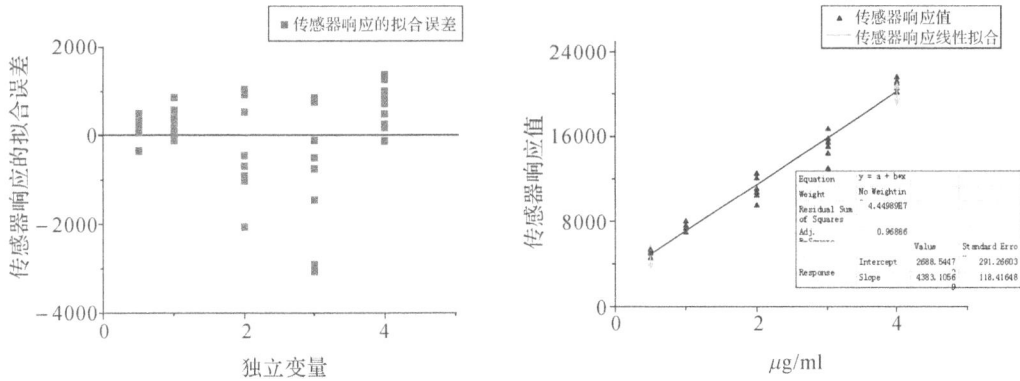

图 2.4.14　数学模型的参数估计和拟合结果评价

2.5　化学和生物传感器标定方法及检测指标（calibration of chemical sensors and biosensors and test index）

2.5.1　气体浓度换算（gas concentration conversion）

对待测气体检测,常见体积浓度和质量－体积浓度来表示其含量:

(1)体积浓度(volume concentration)

体积浓度是用每立方米的空气中含有被测气体的体积数(立方厘米)或(ml/m^3)来表示,常用的表示方法是 ppm,即 $1ppm=1$ 立方厘米/立方米$=10^{-6}$。除 ppm 外,还有 ppb 和 ppt,他们之间的关系是:

$$1ppm=10^{-6}=百万分之一,$$
$$1ppb=10^{-9}=十亿分之一,$$
$$1ppt=10^{-12}=万亿分之一,$$
$$1ppm=10^3 ppb=10^6 ppt$$

(2)质量－体积浓度(mass-volume concentration)

用每立方米大气中待测气体的质量数来表示的浓度叫质量－体积浓度,单位是毫克/立方米或克/立方米。

它与 ppm 的换算关系是:

$$X=M \cdot C/22.4$$
$$C=22.4X/M$$

式中,X——待测气体以每标立方米的毫克数表示的浓度值;

C——待测气体以 ppm 表示的浓度值;

M——待测气体的分子量。

由上式可得到如下关系：

$$1ppm = M/22.4(mg/m^3) = 1000M/22.4\mu g/m^3$$

2.5.2　化学和生物传感器的常用指标计算（computing of common indicators of chemical and biological sensors）

检测限（detection limit）

实验条件下，样品浓度为 0 或空白底液中标准品组 n 个重复孔测量得到的平均值＋3 倍的标准方差。

线性检测范围（linear detection range）

仪器在试验条件下能够线性地测出样品的浓度范围，即要求仪器的响应与被测样品的浓度成线性关系。

标准样品（standard samples）

成分、浓度和精度均为已知的样品。

精密度（precision）

n 次重复测量或 n 个传感器测量得到的值的标准方差/平均值×100％。

准确度（accuracy）

计算方法为（n 次重复测量或 n 个传感器测量得到的值的平均值－真实值）/真实值×100％。

一般实验条件要求（experiment condition）

环境温度：15～30℃。

环境湿度：20％～70％RH。

使用电源：交流 220V，50Hz。

实验室要求：洁净、通风。

仪器检测下限测定方法（determination of detection limit）

在洁净的实验室环境下，浓度为 0 的标准品或空白底液 n 次重复测量或 n 个传感器测量测量得到的平均值＋3 倍的标准方差即为仪器的检测限。

仪器线性检测范围的测定方法（determination of linear tast range）

在检测范围内，设置 n 个浓度点，若其线性相关系数（R 值）大于 95％，则可认为其符合误差要求，且所取检测范围为线性检测范围。

第 3 章 人体基本生理信息及其检测方法

Human basic physiological information and detection methods

现代医学仪器可以十分准确地拾取反映人体生理状态的信息,使得确诊率大大提高。在现代化的医院中,医生在对病人进行诊断和治疗的过程中,首先要做的就是进行人体信息的采集,如测量体温、血压、心率、脉搏、心电以及验血、验尿等,以进行初步判断。如果必要,还要进行更深入的检查,其中包括图像检查,以获得形态信息。无论是测定一般生理参数,还是借助于其他载体重建人体器官的图像,都需要使用特定的传感器。传感器是医学仪器的"电五官",它不仅可以定性也可以定量地把作为原始数据的生理信息拾取出来。

表征人体生理状态的信息,大体上可分为物理量、化学量和生物量三大类。

表 3.1 人体生理与生化信息的种类

器官形状	振 动	压 力	速 度	流 量	温 度	生物电	生物磁	化学量	生物量
心脏几何形状、胃几何形状、肾几何形状、血管直径等	心音、肠鸣音、呼吸音、血管音等	血压、心内压、颅内压、胸腔内压、脊髓压、胃内压、血管内压、肠内压、膀胱内压、眼内压、咬合压等	血流速度、排尿速度、神经传导速度等	血流量、呼吸流量、尿流量等	体表温度、口腔温度、血液温度、直肠温度、脏器温度等	细胞电位、心电、脑电、肌电等	心磁、脑磁、胃磁等	O_2、CO、CO_2、N_2、H_2O、NH_3、Na^+、K^+、Ca^{2+}等	酶、抗原、抗体、激素、神经递质、DNA、RNA 等

表 3.1 列出的部分人体生理信息,是目前进行诊断时常需测量的、能够表征人体某些生理状态的信息。对人体各系统的正常生理信息的了解,是正确选择人体信息的测量方法和研制新型的传感器的前提。

3.1 循环系统生理信息(physiological information circulatory system)

血液循环系统是封闭的管道系统,主要功能是完成体内的物质运输,即运输营养物质、代谢产物、氧和二氧化碳等,并在机体各个部位通过毛细血管进行物质交换,从而保证机体新陈代谢的不断进行。因而了解循环系统的一系列生理信息具有重要的意义。心血管系统由心脏、动脉、毛细血管和静脉组成,心脏将血液泵出,并由血管将血液分配到各器官和组织,血液在心血管系统中按一定的方向流动,最后回到心脏,完成血液的循环。

3.1.1　心电(ECG)

一、心电的传播(spread of ECG)

图 3.1.1 示出了心电传播的次序以及心脏各部分的电位变化波形。窦房结按时(60~80 次/min)发出心电信号,通过前、中、后结间束和心肌把电信息传播给房室结,但它们的电位变化波形是不同的。结间束对电信息的传播速度为 1.7 m/s,而心肌的传递速度约为 0.4 m/s。这个电信息刺激心房收缩。房室结为一个特殊区,组织呈网状,分支较多,故传递电信息的速度仅为 0.02 m/s,这一重要的延时,可使心房收缩完毕心室才开始收缩。房室结把电信息继而传给左、右束支,左右束支以 4 m/s 的速度把信息传递给左、右心室与浦氏纤维。电信息在心室肌的传播速度为 1 m/s,幅度约为 100 mV 左右,它可刺激心室收缩。

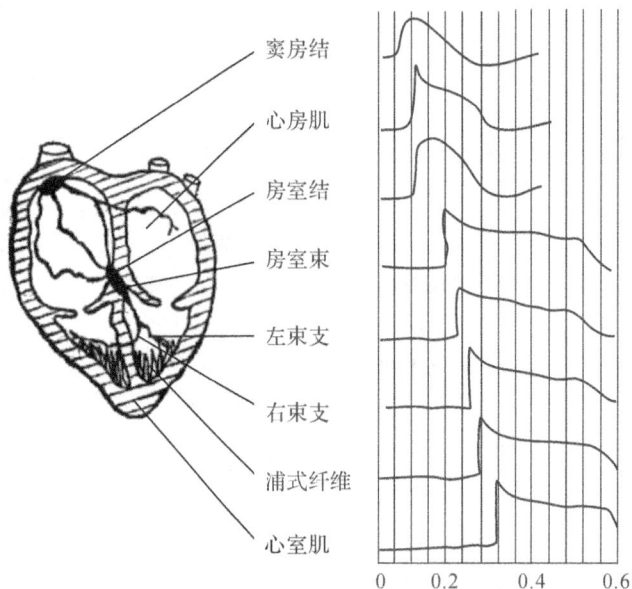

图 3.1.1　心电传播顺序

二、心电波形与心电图(electrocardiogram wave and ECG)

心脏周围的组织及体液都可以导电,被称为容积导体,而且是三度空间的导体。心脏又是一个形态不规则的空腔肌肉器官,它的肌纤维行走方向不一致。兴奋在心肌内向各个方向传播的过程中,每一瞬间在心脏内形成很多双极体,且其大小、方向都不一样。心脏按窦房结—结间束—房室结—左、右束支—浦氏纤维—心室肌这一顺序进行的兴奋传播,是在立体空间进行的。所以各细胞在除极时可用一向量来表示,而且此电向量的大小及方向在心脏的整个兴奋周期中是在空间变化的。如果把这些瞬间心电向量的箭头连接起来,就构成了一个位于立体空间的心电向量环,称之为空间心电向量环。可见,无论何时,在容积导体中任意两个不同部位都可以测得心电。心脏可看做是一个信号发生器,它在容积导体中构成一个闭合电路,如图 3.1.2(a)所示。如在胸部设两个电极 A 和 B,则电路如图 3.1.2(b)所示。设左、右容积导体电阻为 R_{T_1} 及 R_{T_2},则在 A、B 两点间将产生电位差 V_{AB}。这个变化的电位差 V_{AB} 就是心电信息。

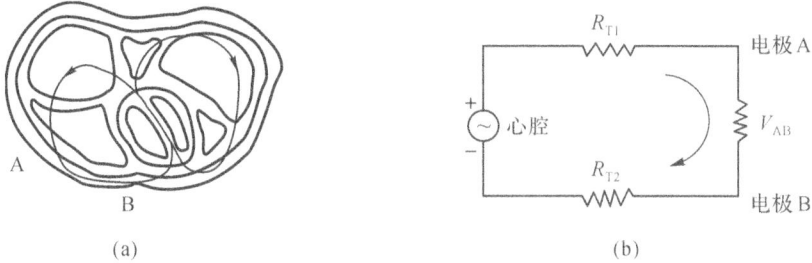

图 3.1.2　心电信息及模拟电路

可以看出,无论何时在容积导体中任意两个部位测得的心电变化,都是心脏各双极体的综合电变化在探测电极上的反映。

在理论上讲,将两个测量电极放在体表的任何两个部位,都可测得因心脏电变化而引起的体表电变化。但为了使用的方便,按照电极在人体上安放位置和连接方式,还是规定了统一的导联方法。常用的导联方法有 12 种。这些导联都可获得几个基本心电波形,把这些波形记录下来就是心电图。图 3.1.3 是正常人的心电波形图。

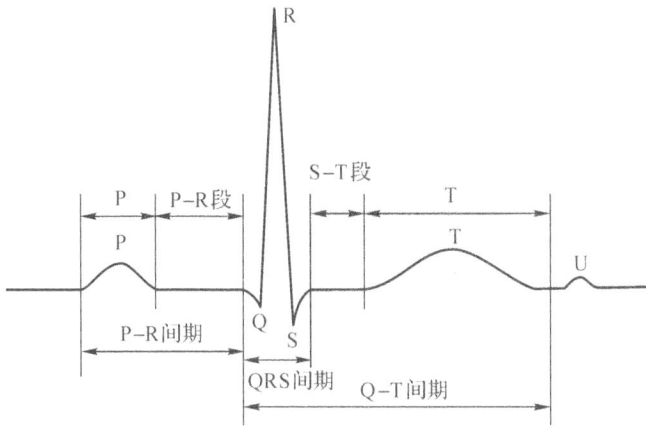

图 3.1.3　正常人的心电波形

图中:

P 波:代表左、右心房兴奋时所产生的电变化,因心房电向量方向不同而互相抵消了一部分,故其幅度不大。

P-R 间期:代表心房兴奋到心室开始兴奋经过的时间,一般成年人为 0.12~0.20 s。

QRS 波群:代表心室兴奋传播过程的电位变化,一般在 0.06~0.10 s。

T 波:反映心室复极过程的电变化。

Q-T 间期:指由 QRS 波群起点到 T 波终点,由心室开始除极到完成所需的时间,在心率为 75 次/s 时,Q-T 间期小于 0.4 s。

U 波:在 T 波出现后经过 0.02～0.04 s 可能出现的波,幅度大都在 0.05 mV 以下。

心电信号幅度不等,R 波最大,约为 1 mV;U 波最小,约为 50 μV。其频率在 0.05～300 Hz 之间。

对心电波形的分析在临床上有着重要价值,患心率不齐、心肌梗塞、冠脉功能异常、心肌障碍及心室肥大症的人,其心电波形均较正常人有明显的变化。

3.1.2　心音(heart sound)

心音是由心脏瓣膜关闭和心肌收缩引起的振动而产生的。在每一心动周期中,一般可以听到四个心音,分别称为第一心音、第二心音、第三心音、第四心音,其中主要是第一心音与第二心音。

第一心音发生在心缩期,标志着心室收缩的开始,频率较低,持续时间也较长,一般为0.1～0.12s。心室收缩时,血流急速冲击房室瓣而返折,造成心室振动。在第一心音中包含有四种成分:第一种成分为每秒 25Hz 的低频振动,它是由心室收缩开始时,血液向房室瓣流动加速所造成的;第二种成分是在第一种成分开始后 0.02s 出现的,由于二尖瓣突然关闭,心室壁张力突然增加,故产生的是 50～200Hz 的高频振动;第三种成分在二尖瓣关闭后的 0.03s 出现,其频率也为高频,但略低于第二成分;第四种成分是在血液被射入大血管时形成的,为低频振动。

第二心音由两部分组成,它是由收缩终了时主动脉与肺动脉根部血流的减速所造成的。第三心音在第二音后 0.1～0.24s 出现,频率约为 20～70Hz。第四心音发生在第一心音前,持续 0.04s。

心音是表征心脏生理状态的重要信息。对心音的测量,过去和现在都广泛应用听诊器。听诊器用一弹性膜片去拾取心音,医生通过听诊器膜片变形形成的振动去识别心音。这种方法最大的优点是携带方便,但它要求医生有较丰富的经验。如果想定量地测量心音,并与心电图、心尖搏动图及颈动脉搏动图相比较,进而判断较复杂的病症,就必须借助于心音计了。

对心音计的要求是,具有较高的灵敏度,有恰当的频响特性,有足够宽的频带,而且频带是可以选择的。除此之外,还要有尽可能小的失真。为了保证上述要求,不仅需要有恰当的传感器,而且要有良好的放大器滤波器加以保证。

用心音计可以测得各心音的持续时间、幅度,有无多余的心音,多余心音的特征,有无杂音以及杂音的持续时间和强度等。通过分析用心音计记录的心音波形图,可以判断出某些心脏疾病。

3.1.3　血压(blood pressure)

血管内的血液在血管壁单位面积上垂直作用的力称为血压。血压的数值为血液对血管壁的绝对压力与大气压力的差值,又称指示压力。血压的单位,通常以毫米汞柱(mmHg)表示。在静脉测量时常采用 mmH_2O 来表示。在标准地心引力下,血压单位的

换算关系为

$$1mmHg = 133.322Pa$$
$$1mmHg = 1.36cmH_2O$$
$$1mmHg = 1330 \times 10^{-5} N/cm^2$$

血液循环系统是一个由心脏和血管互相串联的基本上封闭的管道系统。心脏是整个系统的搏动泵,搏出血液并维持血管中的压力。图 3.1.4 为循环系统的模型图。

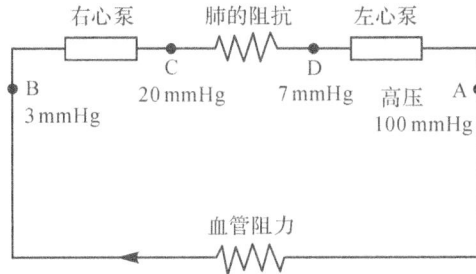

图 3.1.4　循环系统模型图

为了维持整个人体的正常循环,必须维持血管中的压力梯度,从左心室输出的压力为 100mmHg(A 点),经毛细血管流回到右心房的压力降到 3mmHg(B 点),经右心室搏出后压力增高到 20mmHg(C 点),经肺后的压力降为 7mmHg(D 点)。

在医学中把在单位时间内流过管道某一截面的血流量称之为容积速度。像电工学中的欧姆定律一样,容积速度 Q(相当于电流)和血管两端的压力 p,以及因血液内部、血液与血管壁间形成的阻力 R 之间呈如下关系:

$$Q = \frac{p}{R} \tag{3.1.1}$$

式中,Q——容积速度;

　　p——血管两端压力差;

　　R——血管阻力。

而血流阻力则取决于血液的粘滞性与血管半径,其关系为:

$$R = \frac{8L}{\pi} \cdot \frac{\eta}{r^4} \tag{3.1.2}$$

即血流阻力与血液粘滞性 η 和血管长度 L 成正比,与血管半径 r 的四次方成反比。

在临床中常需要知道血流阻力的大小这一参数,它可以通过测量压差与心输出量来求得。另外,为了解整个循环系统是否正常和局部器官的血流情况,也都需要测量血压值。所以血压是个重要的参数。

心脏搏血是脉动的,所以血管各部的内压力也是脉动的。此现象以动脉较为明显,而静脉则较为平稳。图 3.1.5 为各主要动脉的压力波形。

我国正常成人收缩压为 90~140mmHg,舒张压为 60~90mmHg。动脉血压除了常用收缩压及舒张压表示其脉动压力变化外,还常使用平均血压:

平均血压＝舒张压＋动脉压/3

在主动脉首端平均压为 100mmHg,最小的动脉在首端动脉压为 85mmHg,毛细血管首端约为 30mmHg,静脉首端约为 10mmHg。

血压的测量具有重要的临床意义。按测量方法大体分为三种,即直接测量、间接测量和比较测量。

直接测量又称创伤性测量,是采用灵敏度甚高的压力传感器进行的测量。一种办法是借助于心导管把压力通过液体引到体外压力传感器进行测量;另一种办法是把半导体扩散硅压阻传感器直接装在心导管前端,经静脉直接导入心室进行测量。由于半导体扩散硅压阻传感器可以做得极小,所以也可以装在注射针前端插入血管直接测量血管内压力。

间接测量的代表是袖带式血压计。它借助体内血管内压力和袖带内充气的压力平衡的办法,通过测量袖带内的瞬时平衡压力来测得收缩压及舒张压。但在测量中需由人来监听其血流的喘流音,故精度为±10mmHg,而且使用也较麻烦。目前自动间接血压测量装置已广泛应用,许多科学家都在研究无袖带的间接测量方法。

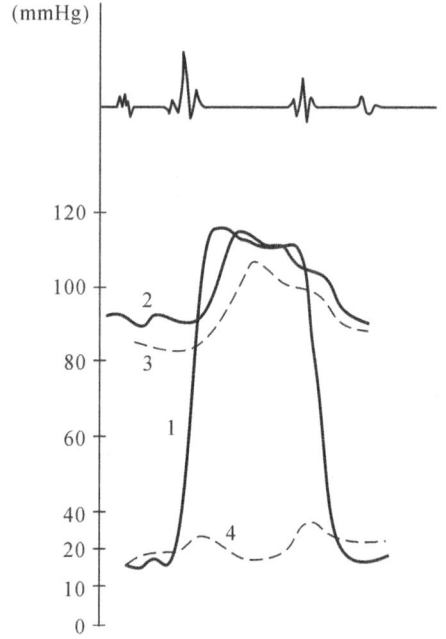

图 3.1.5 动脉压力波形
1.左心室压力 2.主动脉压力
3.颈动脉压力 4.左心房压力

比较式血压测量法应用在不需要测得血压绝对值,而只需了解全身血液流动状态的场合,目的在于找出其影响血液流动障碍的原因。一般只需在手指尖处测量其血流脉动的相对变化即可。故多采用光电传感器,用反射和透射的方法测量其相对变化。

3.1.4 脉搏(pulse)

脉搏的广义内容应该包括心尖搏动波、动脉波和静脉波。其共同的特点是频率甚低。

一、心尖搏动波(heart beat wave)

心尖搏动是心脏在收缩时心尖撞击胸壁形成的。同时记录心尖搏动波、心音、心电并进行分析可获得有用的临床数据。

心尖搏动波分为 a 段、b 段,o 点及 c 段。b 段为收缩期,c 段为充盈期。如图 3.1.6 所示。

从第二心音开始到左心室搏动波 o 点为二尖瓣的开放时间,从第二心音开始到右心室搏动波 o 点为三尖瓣开放时间。开放时间和心房压与动脉压有

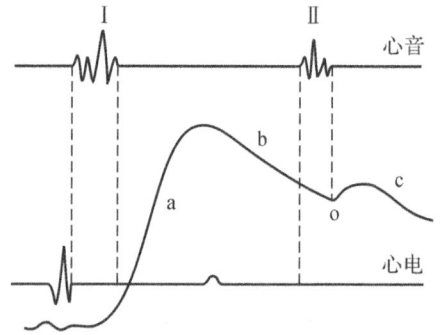

图 3.1.6 心尖搏动波形

关。当动脉压一定时,心房压的上升将使开放时间缩短。当心房压一定时,动脉压上升将使开放时间延长。反之,通过测量动脉压和二尖瓣的开放时间可以推算出左心房压力。在右心系可通过肘静脉压和三尖瓣开放时间推定肺动脉压力。

二、动脉波(arterial waveform)

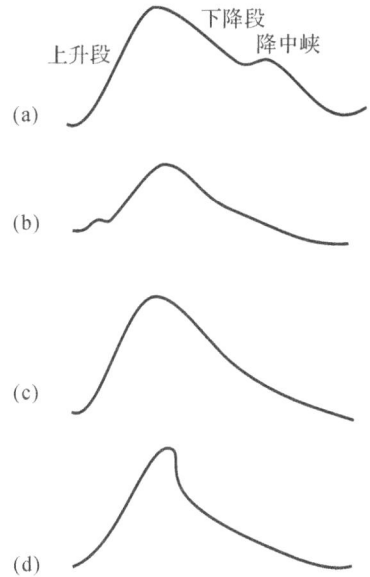

图 3.1.7　锁骨下动脉波形

经常测量的动脉波是颈动脉波、锁骨下动脉波及腕脉波。动脉波测量相对来讲比较方便,因为大多是在浅表动脉外面的皮肤上进行的。正常动脉波形如图 3.1.7(a)所示,它包括上升段,表示主动脉因射血而压力迅速上升;下降段,表示射血期后动脉内压力下降;在下降段中,由于血管的回弹,动脉压再次稍有上升,在下降段中形成一个小波,因呈峡谷状而被称为降中峡。

脉搏形状反映患者的病变情况。当主动脉瓣开放不全时,输出速度慢,上升段慢,幅度降低,如图 3.1.7(b)所示。当主动脉瓣关闭不全时,使上升及下降段均较陡,且无降中峡,如图 3.1.7(c)所示。血管弹性不良而硬化时,上升及下降段也均呈陡峭状,如图 3.1.7(d)所示。

3.2　呼吸系统生理信息(respiratory system physiological information)

3.2.1　呼吸的全过程(whole process of breathing)

(1)外呼吸(external respiration)

外呼吸指外界环境与血液在肺部实现的气体交换。它包括肺通气(肺与外界的气体交换)和肺换气(肺泡与血液之间的气体交换)两个过程。

(2)气体在血液中的传输(gas transport in the blood)

(3)内呼吸(internal breathing)

内呼吸指血液及组织液与组织细胞之间的气体交换。

因此,在呼吸系中临床需要测量的参数除了一些表征外呼吸状况的物理量外,还有表征气体交换状况的某些化学参数。

3.2.2　呼吸系统主要生理参数(main physiological parameters respiratory system)

(1)肺容量(lung capacity)

呼吸系统的主要生理参数是肺容量,肺容量是指肺容纳的气体量。肺容量随着呼吸气量变化而变化,所以测定肺容量有助于了解通气情况。通常选择平静呼吸时和最深呼吸时进出肺的气量作为测定对象。

若用肺量计记录平静呼吸时肺容量的变化曲线,可将各呼气终点连成一线,称此线为呼吸基线（如图 3.2.1 所示）。这条线由机能余气量的多少而定,对正常人来讲相当恒定,如因肺气肿造成肺弹性回缩力降低时,则基线上移。

肺的总容量(TLC)是指最大容气量,即肺活量(VC)与余气量(RV)之和,健康成年男性的 TLC 值为 3.61～9.41L,健康成年女性的 TLC 值为 2.81～6.81L。

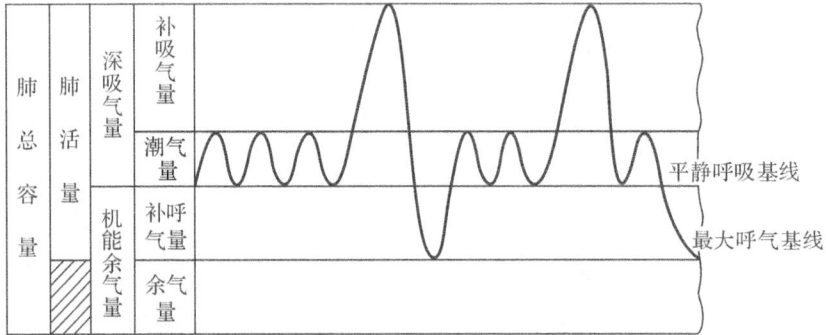

图 3.2.1　肺容量的组成

(2)肺活量(forced vital capacity)

肺活量是指尽量吸气后能呼出来的气量,正常成年男性肺活量的平均值为 3.47L,女性为 2.44L。同时将第 1、2、3 秒末所呼出气量占肺活量的百分数,称为时间肺活量。

(3)余气量(residual volume)

余气量是指最大呼气后残留在肺内的总容量,男性平均值为 1.53L,女性为 1.02L。

(4)潮气量(tidal volume)

潮气量(TV)是在平静呼吸时,每次吸入或呼出的气量,其值与年龄、性别、身材、习惯有关。正常成年人的潮气量约为 400～500mL。

(5)补吸气量和补呼气量(inspiratory reserve volume and expiratory volume)

在平静吸气后,再作最大吸气时,所能增添吸入的气量称为补吸气量(IRV),正常人约为 1500～1800mL。同理,在平静呼气后再作最大呼气时所再能呼出的气量称为补呼气量(ERV),正常人约为 900～1200mL。

(6)最大呼气基线(maximum expiratory baseline)

用肺量计记录呼吸曲线,将最大呼气终点连成一直线,此线称为最大呼气基线。它反映膈肌上升幅度、胸廓弹性阻力和细支气管关闭状态等因素的状况。腹水、妊娠、肺气肿及支气管痉挛等情况,可从呼气基线的变化上反映出来。

(7)每分钟通气量(ventilation per minute)

每分钟进肺或出肺的气体总量称每分钟通气量,其值为潮气量与呼吸频率之积:

$$每分钟通气量＝潮气量×每分钟呼吸次数 \qquad (3.2.1)$$

正常人呼吸频率在安静时为 12～18 次/min,通气量约为 6～8L;但从事剧烈运动时可达 70L 以上。当以尽快的速度和尽可能深的幅度进行呼吸时,得到的每分通气量称为最大通气量,一般在测定时只测 15s,将测得值乘以 4。

最大通气量和时间肺活量关系密切。据研究,从第一秒时间肺活量可算出最大通气

量,其公式为

$$最大通气量(L)=0.0302×第一秒时间肺活量+10.85 \qquad (3.2.2)$$

(8)通气贮量百分比(percentage ventilation storage)

一般在肺功能测验中,常以最大通气量和通气贮量百分比作为衡量通气功能好坏的主要指标。其通气贮量百分比的计算公式为:

$$通气贮量百分比=\frac{最大通气量-每分平均通气量}{最大通气量}×100\% \qquad (3.2.3)$$

在肺活量测量中,一般采用记录法。换气量测量经常采用电磁式传感器,通过电磁式传感器测量压差的办法测得气体流速,进而对流速积分来求得换气量。

在测量呼吸系统黏弹性和胸肌活动能力时,需要测量胸腔内压。为了方便,一般不直接测胸内压,而以测量食道内压来代替,两者是很相近的。在测量食道内压时,可用导管法或用微型传感器直接测量。食道内压的变化范围,在安静换气时仅为 $2\sim5cmH_2O$,有疾患时为 $10\sim20cmH_2O$,正常人在咳嗽时可达到 $200\sim250cmH_2O$。测量时需选用对几厘米水柱到几百厘米水柱皆有较高灵敏度的传感器,当然这并不是十分容易的。在同时测得换气量和胸腔压力时,通过两者之比,可求出肺的弹性。

在仅仅需要测量呼吸次数时,只要把半导体热敏传感器装在鼻孔处,通过检测其呼吸气流温度的变化就可以实现。这种方法有其局限性,当室内温度接近人体温度时,效果就差了。可以采用贴在胸部,内部装有电阻应变式传感器的胸带来进行测量,当然这不是定量测量的方法,仅仅是为了计算呼吸次数而已。

第 4 章
常用传感器原理及应用简介

The principle and application of commonly used sensors

4.1 电阻应变式传感器(resistance strain sensor)

4.1.1 电阻应变片的工作原理(working principle of resistance strain gauges)

一、应变效应(strain effect)

金属应变片的工作原理是基于应变效应,即在金属导体产生机械变形时,它的电阻值相应发生变化。

如图 4.1.1 所示,金属电阻丝在未受力状态下的原始电阻值为

$$R = \frac{\rho L}{S} \qquad (4.1.1)$$

式中,ρ——电阻丝的电阻率;

L——电阻丝的长度;

S——电阻丝的截面积。

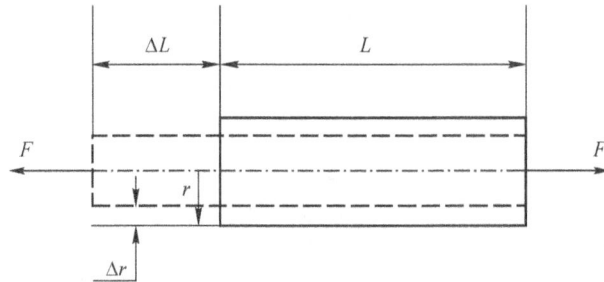

图 4.1.1 金属电阻丝应变效应

电阻丝在拉力 F 作用下将沿轴向伸长,沿径向缩短,则长度和半径都将发生变化,长度相对变化量为 $\Delta L/L$,横截面积相对变化量为 $\Delta S/S$,电阻率将因晶格发生变形等因素而改变 $\Delta\rho$,故引起电阻值相对变化量为

$$\frac{\Delta R}{R} = \frac{\Delta L}{L} - \frac{\Delta S}{S} + \frac{\Delta \rho}{\rho} \tag{4.1.2}$$

式中，$\Delta L / L$——应变 ε；

$\Delta S / S$ 可以表示为 $2 \Delta r / r$。

轴向应变和径向应变的关系可表示为

$$\frac{\Delta r}{r} = -\mu \frac{\Delta L}{L} = -\mu \varepsilon \tag{4.1.3}$$

式中，μ 为电阻丝材料的泊松比，负号表示应变方向相反。

由式（4.1.2）、（4.1.3）可得

$$\frac{\Delta R}{R} = (1 + 2\mu)\varepsilon + \frac{\Delta \rho}{\rho} \tag{4.1.4}$$

或

$$\frac{\Delta R / R}{\varepsilon} = (1 + 2\mu) + \frac{\Delta \rho / \rho}{\varepsilon} \tag{4.1.5}$$

单位应变所引起的电阻相对变化定义为电阻丝的灵敏系数（K），即

$$K = \frac{\Delta R / R}{\varepsilon} = 1 + 2\mu + \frac{\Delta \rho / \rho}{\varepsilon} \tag{4.1.6}$$

灵敏系数受两个因素影响：一是受力后材料几何尺寸的变化，即 $(1 + 2\mu)$；二是受力后材料的电阻率发生的变化，即 $(\Delta \rho / \rho) / \varepsilon$。对金属材料电阻丝而言，$(1 + 2\mu)$ 的值要比 $(\Delta \rho / \rho) / \varepsilon$ 大得多，而半导体材料的 $(\Delta \rho / \rho) / \varepsilon$ 项比 $(1 + 2\mu)$ 大得多。大量实验证明，在电阻丝拉伸极限内，电阻的相对变化与应变成正比，即 K 为常数。

根据上述特点，用应变片测量应变或应力时，被测对象在外力作用下产生微小机械变形，应变片随之发生相同的形变，其电阻值也发生相应变化。通过测量应变片电阻值变化量 ΔR，即可得到被测对象的应变值。

二、压阻效应（piezoresistive effect）

压阻效应是指半导体受到应力作用后，电阻率发生变化。对于式（4.1.4），前面提到，就金属材料而言，式中 $\Delta \rho / \rho$ 项很小，可以忽略不计，而对半导体材料，$\Delta \rho / \rho$ 项很大，可近似认为 $\Delta R / R = \Delta \rho / \rho$，其电阻率的相对变化为

$$\frac{\Delta \rho}{\rho} = \pi_l \sigma = \pi_l E_s \Delta l / l \tag{4.1.7}$$

式中，π_l——沿某晶向的压阻系数；

E_s——半导体材料的弹性模量。

如半导体硅材料，$\pi_l = (40 \sim 80) \times 10^{-11} \, \mathrm{m^2 / N}$，$E_s = 1.67 \times 10^{11} \, \mathrm{N/m^2}$，则灵敏系数 $K = (\Delta \rho / \rho) / \varepsilon = \pi_l E_s = 50 \sim 100$，而金属应变片的灵敏系数一般在 2 左右。由此可见，半导体材料的灵敏系数比金属应变片灵敏系数大很多。

半导体电阻材料由结晶的硅或锗，掺入杂质形成 P 型或 N 型半导体。其压阻效应是因为外力作用下原子点阵排列发生变化，导致载流子迁移率及浓度发生变化。由于半导体是各向异性材料，因此它的压阻系数不仅取决于掺杂浓度、温度和材料类型，而且与晶

向有关。

4.1.2　电阻应变片的种类(types of resistance strain gauges)

常用的电阻应变片包括金属电阻应变片和半导体电阻应变片。应变片的规格以使用面积和电阻值来表示。

一、金属应变片(metal strain gauges)

如图4.1.2所示,金属应变片由敏感栅、基片、覆盖层和引线等部分组成。

敏感栅是应变片的核心部分,它粘贴在绝缘的基片上,其上再粘贴起保护作用的覆盖层,两端焊接引出导线。金属电阻应变片的敏感栅有丝式、箔式和薄膜式三种。箔式应变片是利用半导体工艺如光刻、腐蚀等制成的一种很薄的金属箔栅,其厚度一般在0.003~0.01mm。其优点是散热条件好,允

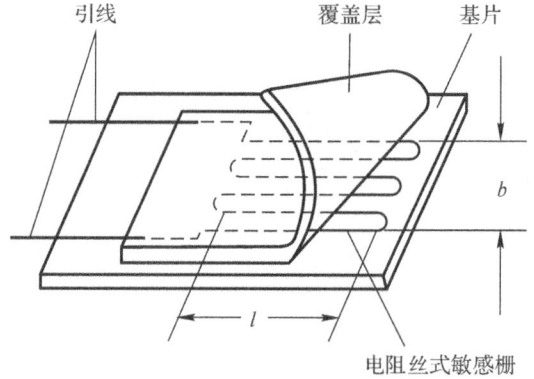

图4.1.2　金属电阻应变片的结构

许通过的电流较大,可制成各种所需的形状,便于批量生产。薄膜应变片是采用真空蒸发或真空沉积等方法在薄的绝缘基片上形成$0.1\mu m$以下的金属电阻薄膜敏感栅,最后再加上保护层。它的优点是应变灵敏系数高,允许电流密度大,应用范围广。

二、半导体应变片(semiconductor strain gauges)

半导体应变片是用半导体材料制成的,其工作原理是基于半导体材料的压阻效应。其使用方法与金属应变片类似。

半导体应变片受轴向力作用时,其电阻相对变化也可以用式(4.1.4)表示,其中$\Delta\rho/\rho$为半导体应变片的电阻率相对变化,由式(4.1.7)可知,

$$\frac{\Delta\rho}{\rho}=\pi_l\sigma=\pi_l \cdot E_s \cdot \varepsilon \tag{4.1.8}$$

式中,$\varepsilon=\Delta l/l$。

代入式(4.1.4)中得

$$\frac{\Delta R}{R}=(1+2\mu+\pi_l E_s) \cdot \varepsilon \tag{4.1.9}$$

式中,$(1+2\mu)$项是半导体材料几何尺寸变化引起的,与一般电阻丝相差不多;

$\pi_l E_s$项是压阻效应引起的,比$(1+2\mu)$大上百倍,所以$(1+2\mu)$项可以忽略,因而半导体应变片的灵敏系数为

$$K_S=\frac{\Delta R/R}{\varepsilon}\approx\pi_l E_s \tag{4.1.10}$$

4.1.3　测量电路(measurement circuits)

由于机械应变一般都很小,要把微小应变引起的微小电阻变化测量出来,同时要把电阻相对变化 $\Delta R/R$ 转换为电压或电流的变化,需要有测量电阻变化的专用测量电路,通常采用直流电桥或交流电桥。

一、直流电桥(DC bridge)

(1)直流电桥平衡条件(DC bridge equilibrium conditions)

电桥如图4.1.3所示,E 为电源,R_1、R_2、R_3 及 R_4 为桥臂电阻,R_L 为负载电阻。当 $R_L \to \infty$ 时,电桥输出电压为

$$U_o = \frac{E(R_2 R_3 - R_1 R_4)}{(R_1 + R_2)(R_3 + R_4)} \tag{4.1.11}$$

当电桥平衡时,$U_o = 0$,有

$$R_1 R_4 = R_2 R_3$$

或

$$\frac{R_1}{R_2} = \frac{R_3}{R_4} \tag{4.1.12}$$

式(4.1.12)称为电桥平衡条件。这说明欲使电桥平衡,其相邻两臂电阻的比值应相等,或相对两臂电阻的乘积相等。

(2)电压灵敏度(potential sensitivity)

应变片工作时,其电阻值变化很小,电桥相应输出电压也很小,一般需要经过放大器放大。由于放大器的输入阻抗比桥路输出阻抗高很多,所以此时电桥仍视为开路情况。当产生应变时,若应变片电阻 R_1 的变化量为 ΔR,其他桥臂固定不变,则电桥输出电压 $U_o \neq 0$,电桥不平衡输出电压为

$$U_o = -E \frac{n}{(1+n)^2} \cdot \frac{\Delta R_1}{R_1} \tag{4.1.13}$$

图 4.1.3　直流电桥的原理

式中,$n = R_2/R_1$,称为电桥的桥臂比。

电桥电压灵敏度定义为

$$K_U = \frac{|U_o|}{\Delta R_1 / R_1} = E \frac{n}{(1+n)^2} \tag{4.1.14}$$

对式(4.1.14)进行分析后发现:

①电桥电压灵敏度正比于电桥供电电压,供电电压越高,电桥电压灵敏度越高,但供电电压的提高受到应变片允许功耗的限制,所以要作适当选择;

②电桥电压灵敏度是桥臂电阻比值 n 的函数,恰当地选择桥臂比 n 的值,可以保证电桥具有较高的电压灵敏度。

当 E 值确定后,n 取何值时使 K_U 最高?

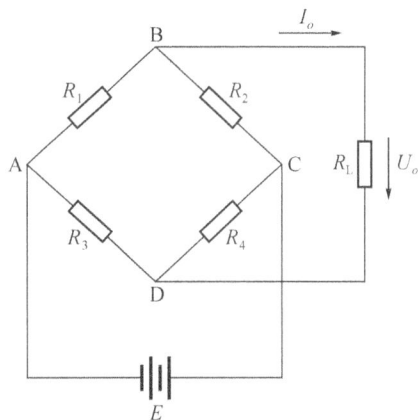

由 $dK_U/dn=0$ 求 R_U 的最大值,得

$$\frac{dK_u}{dn}=E\,\frac{1-n}{(1+n)^3}=0 \tag{4.1.15}$$

求得 $n=1$ 时,K_U 为最大值。这就是说,在电桥电压确定后,当 $R_1=R_2=R_3=R_4$ 时,电桥电压灵敏度最高,此时有

$$U_o=-\frac{E}{4}\cdot\frac{\Delta R_1}{R_1} \tag{4.1.16}$$

$$K_U=\frac{E}{4} \tag{4.1.17}$$

二、交流电桥(AC bridge)

根据直流电桥分析可知,由于应变电桥输出电压很小,一般都要加放大器,而直流放大器易于产生零漂,因此应变电桥多采用交流电桥。

图 4.1.4 为交流电桥,$\dot{U}$ 为交流电压源,开路输出电压为 $\dot{U}_o$。由于采用交流电源,引线分布电容使得两桥臂应变片 R_1 和 R_2 呈现复阻抗特性,相当于两只应变片各并联了一个电容,则每一桥臂上复阻抗分别为

$$\left.\begin{aligned}Z_1&=\frac{R_1}{R_1+j\omega R_1 C_1}\\Z_2&=\frac{R_2}{R_2+j\omega R_2 C_2}\\Z_3&=R_3\\Z_4&=R_4\end{aligned}\right\} \tag{4.1.18}$$

式中,C_1、C_2 表示应变片引线分布电容,由交流电路分析可得

$$\dot{U}_o=\frac{\dot{U}(Z_2 Z_3-Z_1 Z_4)}{(Z_1+Z_2)(Z_3+Z_4)} \tag{4.1.19}$$

要满足电桥平衡条件,即 $\dot{U}_o=0$,有

$$Z_1 Z_4=Z_2 Z_3 \tag{4.1.20}$$

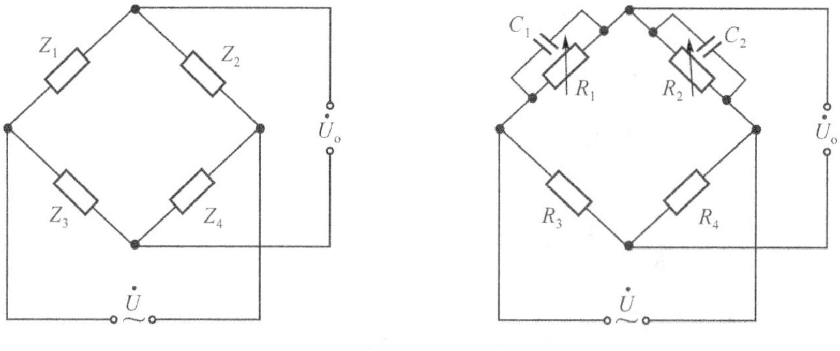

(a) 电桥电路　　　　　　　　(b) 桥臂上的分布电容

图 4.1.4　交流电桥的原理

将式(4.1.18)代入式(4.1.20),可得

$$\frac{R_1}{1+j\omega R_1 C_1}R_4 = \frac{R_2}{1+j\omega R_2 C_2}R_3 \tag{4.1.21}$$

整理式(4.1.21)得

$$\frac{R_3}{R_1}+j\omega R_3 C_1 = \frac{R_4}{R_2}+j\omega R_4 C_2 \tag{4.1.22}$$

其实部、虚部分别相等,整理后可得交流电桥的平衡条件为

$$\frac{R_2}{R_1} = \frac{R_4}{R_3} \tag{4.1.23}$$

及

$$\frac{R_2}{R_1} = \frac{C_1}{C_2} \tag{4.1.24}$$

对这种交流电容电桥,除要满足电阻平衡条件外,还必须满足电容平衡条件。为此在桥路上除设有电阻平衡调节外,还设有电容平衡调节。电桥平衡调节电路如图 4.1.5 所示。

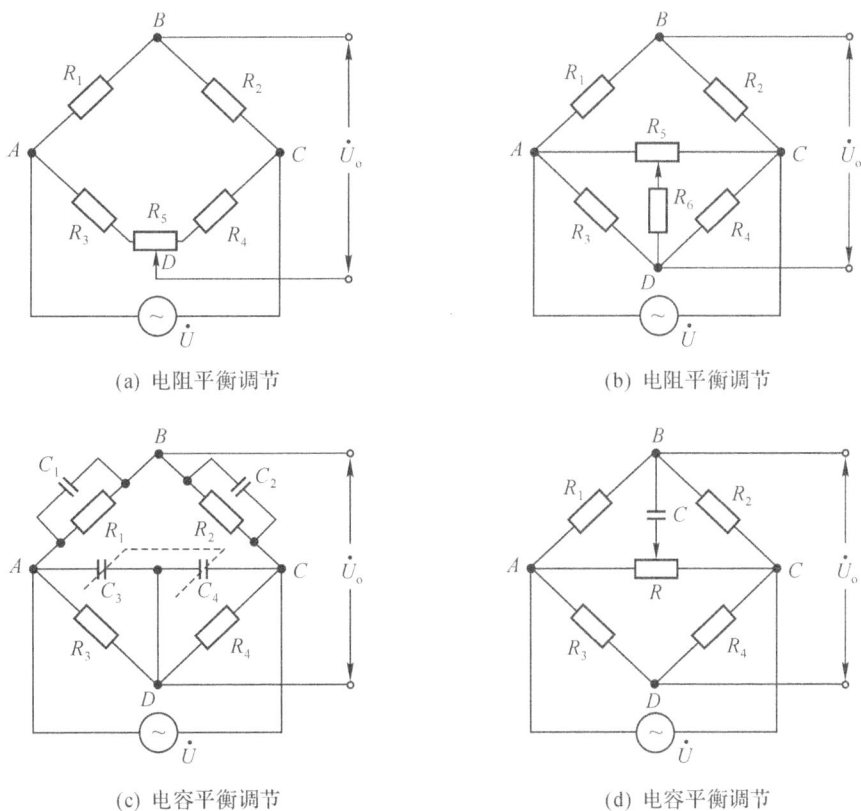

(a) 电阻平衡调节

(b) 电阻平衡调节

(c) 电容平衡调节

(d) 电容平衡调节

图 4.1.5　交流电桥平衡调节

当被测应力变化引起 $Z_1 = Z_0 - \Delta Z$, $Z_2 = Z_0 + \Delta Z$ 变化时,电桥输出为

$$\dot{U}_o = \dot{U}\left(\frac{Z_0+\Delta Z}{2Z_0}-\frac{1}{2}\right) = \frac{1}{2}\dot{U}\cdot\frac{\Delta Z}{Z_0} \tag{4.1.25}$$

4.2 差动变压器式电感传感器(differential transformer inductive sensors)

电感式传感器是利用电磁感应原理,将被测非电量如位移、压力、流量、振动等转换成线圈自感系数 L 或互感系数 M 的变化,再由测量电路转换为电压或电流的变化,主要包括自感式、互感式和电涡流式三种传感器。电感式传感器具有结构简单、工作可靠、测量精度高、零点稳定、输出功率较大等一系列优点,其主要缺点是灵敏度、线性度和测量范围相互制约,传感器自身频率响应低,不适用于快速动态测量。

由于受测量环境影响小,电感式传感器在生物医学领域可以用于微小位移的检测,如呼吸运动测量、肢体震颤测量等;此外,还能实现信息的远距离传输、记录、显示和控制,在工业自动控制系统中被广泛采用。

4.2.1 工作原理(working principle)

把被测的非电量变化转换为线圈互感量变化的传感器称为互感式传感器。这种传感器是根据变压器的基本原理制成的,并且次级绕组采用差动形式连接,故称差动变压器式传感器。

差动变压器结构形式较多,有变隙式、变面积式和螺线管式等,但其工作原理基本一样。非电量测量中,应用最多的是螺线管式差动变压器,它可以测量 $1\sim100\mathrm{mm}$ 范围内的机械位移,并具有结构简单、性能可靠、测量精度和灵敏度高等优点。

螺线管式差动变压器结构如图 4.2.1 所示,它由初级线圈、两个次级线圈和插入线圈中央的圆柱形铁芯等组成。

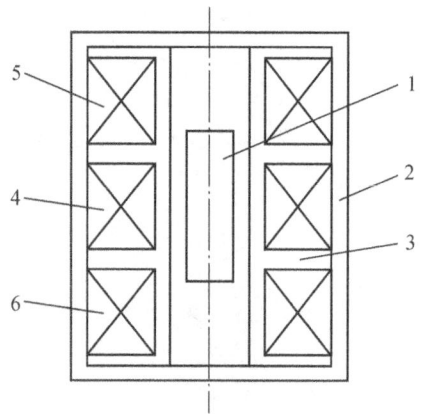

图 4.2.1 螺线管式差动变压器结构
1. 活动衔铁;2. 导磁外壳;3. 骨架;
4. 匝数为 w_1 的初级绕组;
5. 匝数为 w_{2a} 的次级绕组;
6. 匝数为 w_{2b} 的次级绕组

差动变压器式传感器中两个次级线圈反向串联,并且在忽略铁损、导磁体磁阻和线圈分布电容的理想条件下,其等效电路如图 4.2.2 所示。当初级绕组 L_1 加以激励电压 $\dot{U}_1$ 时,根据变压器的工作原理,在两个次级绕组 L_{2a} 和 L_{2b} 中便会产生感应电势 $\dot{E}_{2a}$ 和 $\dot{E}_{2b}$。如果工艺上保证变压器结构完全对称,那么当活动衔铁处于初始平衡位置时,必然会使两互感系数 $M_1=M_2$。根据电磁感应原理,将有 $\dot{E}_{2a}=\dot{E}_{2b}$。由于变压器两次级绕组反向串联,因而 $\dot{U}_2=\dot{E}_{2a}-\dot{E}_{2b}=0$,即差动变压器输出电压为零。

当活动衔铁上移时,由于磁阻的影响,L_{2a} 中磁通将大于 L_{2b},使 $M_1>M_2$,因而 $\dot{E}_{2a}$ 增加,而 $\dot{E}_{2b}$ 减小;反之,$\dot{E}_{2b}$ 增加,$\dot{E}_{2a}$ 减小。因为 $\dot{U}_2=\dot{E}_{2a}-\dot{E}_{2b}$,所以当 $\dot{E}_{2a}$、$\dot{E}_{2b}$ 随着衔铁位移 x 变化时,$\dot{U}_2$ 也必将随 x 变化。图 4.2.3 给出了变压器输出电压 $\dot{U}_2$ 与活动衔铁位移 x

的关系曲线。

　　实际上,当衔铁位于中心位置时,差动变压器输出电压并不等于零,其在零位移时的输出电压称为零点残余电压,记作 $\dot{U}_x$,它的存在使传感器的输出特性不过零点,造成实际特性与理论特性不完全一致。零点残余电压的产生主要是由于传感器的两次级绕组的电气参数与几何尺寸不对称,以及磁性材料的非线性等问题引起的。零点残余电压的波形十分复杂,主要由基波和高次谐波组成。基波的产生主要是传感器的两次级绕组的电气参数、几何尺寸不对称,导致它们产生的感应电势幅值不等、相位不同,因此不论怎样调整衔铁位置,两线圈中感应电势都不能完全抵消。高次谐波中起主要作用的是三次谐波,产生的原因是由于磁性材料磁化曲线的非线性(磁饱和、磁滞)。零点残余电压一般在几十毫伏以下,实际使用时应设法减小 $\dot{U}_x$,否则会影响传感器的测量结果。

4.2.2　基本特性(basic features)

　　差动变压器等效电路如图 4.2.2 所示。当次级开路时有:

$$\dot{I}_1 = \frac{\dot{U}_1}{r_1 + j\omega L_1} \qquad (4.2.1)$$

式中,ω——激励电压 $\dot{U}_1$ 的角频率;

　　　$\dot{U}_1$——初级线圈激励电压;

　　　$\dot{I}_1$——初级线圈激励电流;

　　　r_1、L_1——初级线圈直流电阻和电感。

　　根据电磁感应定律,次级绕组中感应电势的表达式分别为

$$\dot{E}_{2a} = -j\omega M_1 \dot{I}_1 \qquad (4.2.2)$$
$$\dot{E}_{2b} = -j\omega M_2 \dot{I}_1 \qquad (4.2.3)$$

式中,M_1、M_2——分别为初级绕组与两次级绕组的互感系数。

　　由于次级两绕组反向串联,且考虑到次级开路,则由以上关系可得:

$$\dot{U}_2 = \dot{E}_{2a} - \dot{E}_{2b} = -\frac{j\omega(M_1 - M_2)\dot{U}_1}{r_1 + j\omega L_1} \qquad (4.2.4)$$

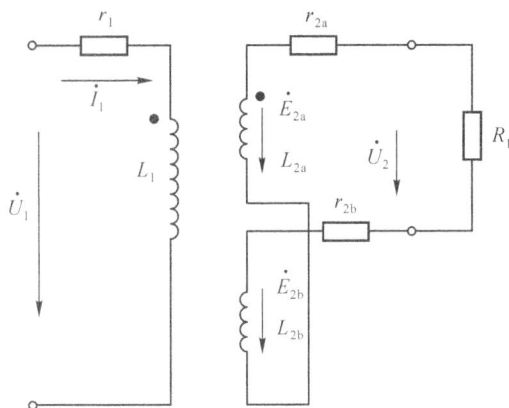

图 4.2.2　差动变压器等效电路

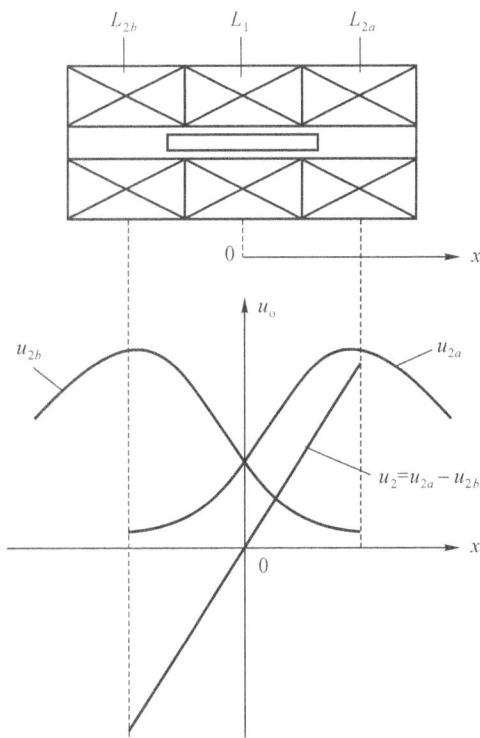

图 4.2.3　差动变压器的输出电压特性曲线

输出电压的有效值为

$$U_2 = \frac{\omega(M_1-M_2)U_1}{[r_1^2+(\omega L_1)^2]^{1/2}}, 且(M_1-M_2)正比于 x \tag{4.2.5}$$

U_2 与 x 的关系曲线如图 4.2.3 所示。下面分三种情况进行分析：

① 当活动衔铁处于中间位置时，$M_1=M_2=M$，故 $\dot{U}_2=0$。

② 当活动衔铁向上移动时，$M_1=M+\Delta M, M_2=M-\Delta M$，故

$U_2=2\omega\Delta M U_1/[r_1^2+(\omega L_1)^2]^{1/2}$，与 $\dot{E}_{2a}$ 同极性。

③ 当活动衔铁向下移动时，$M_1=M-\Delta M, M_2=M+\Delta M$，故

$U_2=2\omega\Delta M U_1/[r_1^2+(\omega L_1)^2]^{1/2}$，与 $\dot{E}_{2b}$，与同极性。

4.2.3　测量电路(measurement circuits)

差动变压器输出的是交流电压，若用交流电压表测量，只能反映衔铁位移的大小，而不能反映移动方向。另外，测量值中将包含零点残余电压。为了达到能辨别移动方向及消除零点残余电压的目的，实际测量时，常采用差动整流电路和相敏检波电路。

本教程的实验中采用相敏检波器构成测量电路，以最大程度地消除零点残余电压影响，并保证测量电路的输出电压能反映被测位移的方向。图 4.2.4 为实验中所用的测量电路原理图。由于测量小位移时，输出信号过小，所以要接入放大器。相敏检波器要求参考电压与输入电压频率相同、相位相同或相反，因此需要在音频振荡器的输出与相敏检波器的参考电压端之间接入移相器。相敏检波器的输出信号经低通滤波器消除高频分量后，得到与衔铁运动一致的有用信号。图中电位器 W_D 和 W_A 用于零点残余电压补偿：当衔铁位于中间位置时，输入为零，此时反复调节 W_D 和 W_A 使电路的输出达到最小，实现零点残余电压补偿的目的。

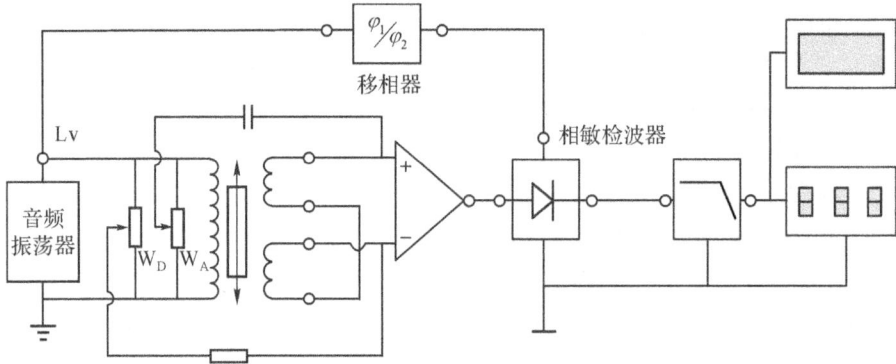

图 4.2.4　差动变压器式电感传感器测量电路

图中移相器和相敏检波器的电路和工作原理见本书下篇实验二　移相器和相敏检波器实验。

图 4.2.5 是实验中所用的低通滤波器的电路图。C_1、C_2、C_3 和运算放大器组成 50 Hz 陷波器，R_8 和 C_4 构成 RC 低通滤波器，电路上限截止频率为 35 Hz 左右。

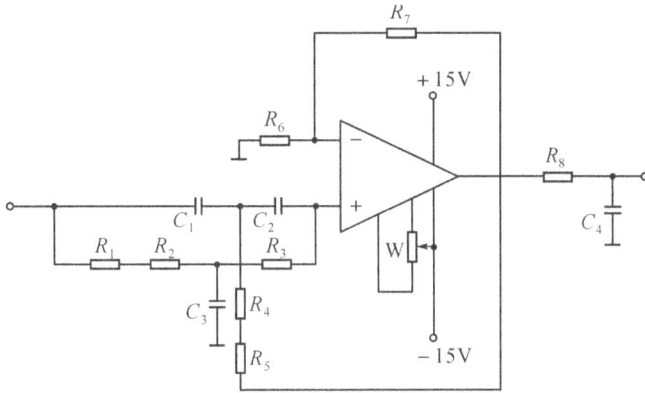

图 4.2.5 低通滤波器

4.3 电涡流式传感器(eddy current sensors)

根据法拉第电磁感应原理,块状金属导体置于变化的磁场中或在磁场中作切割磁力线运动时,导体内将产生呈涡旋状的感应电流,此电流叫电涡流,以上现象称为电涡流效应。根据电涡流效应制成的传感器称为电涡流式传感器。按照电涡流在导体内的贯穿情况,电涡流传感器可分为高频反射式和低频透射式两类,但从基本工作原理上来说仍是相似的。电涡流式传感器最大的特点是能对位移、厚度、表面温度、速度、应力、材料损伤等进行非接触式连续测量,另外还具有体积小、灵敏度高、频率响应宽等特点,应用极其广泛。

4.3.1 工作原理(working principle)

图 4.3.1 为电涡流式传感器的原理图,传感器线圈和被测导体组成线圈—导体系统。

根据法拉第定律,当传感器线圈通以正弦交变电流 $\dot{I}_1$ 时,线圈周围空间必然产生正弦交变磁场 $\dot{H}_1$,在置于此磁场中的金属导体中感应电涡流 $\dot{I}_2$,$\dot{I}_2$ 又产生新的交变磁场 $\dot{H}_2$。根据楞次定律,$\dot{H}_2$ 的作用将反抗原磁场 $\dot{H}_1$,导致传感器线圈的等效阻抗发生变化。由上可知,线圈阻抗的变化完全取决于被测金属导体的电涡流效应。而电涡流效应既与被测金属体的电阻率 ρ、磁导率 μ 以及几何形状有关,又与线圈几何参数、线圈中激励电流频率 f 有关,还与线圈与导体间的距离 x 有关。因此,传感器线圈受电

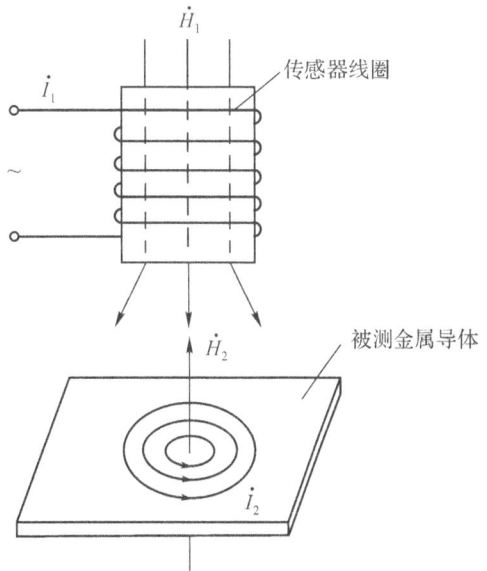

图 4.3.1 电涡流传感器原理

涡流影响时的等效阻抗 Z 的函数关系式为

$$Z = F(\rho, \mu, r, f, x) \tag{4.3.1}$$

式中,r——线圈与被测物体的尺寸因子。

如果保持上式中其他参数不变,而只改变其中一个参数,传感器线圈阻抗 Z 就仅仅是这个参数的单值函数。通过与传感器配用的测量电路测出阻抗 Z 的变化量,即可实现对该参数的测量。

4.3.2 电涡流形成范围(form range of eddy current)

一、电涡流的径向形成范围(radial eddy formation range)

线圈—导体系统产生的电涡流密度既是线圈与导体间距离 x 的函数,又是线圈半径 r 的函数。当 x 一定时,电涡流密度 J 与半径 r 的关系曲线见图 4.3.2 所示。由图可知:

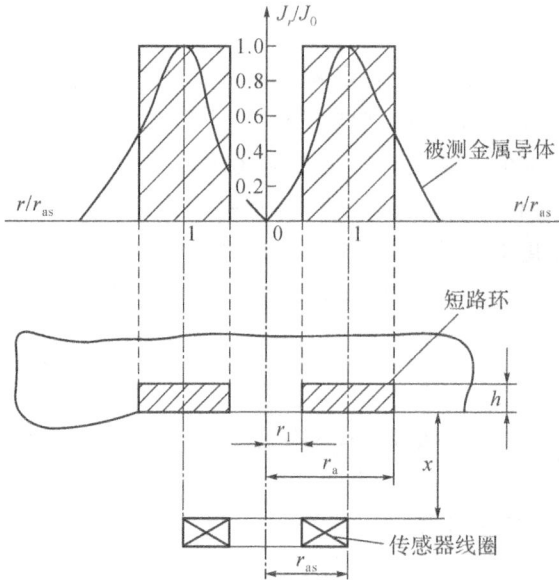

1—电涡流线圈;2—等效短路环;3—电涡流密度分布

图 4.3.2 电涡流密度 J 与半径 r 的关系曲线

①电涡流径向形成的范围大约在传感器线圈外径 r_{as} 的 $1.8 \sim 2.5$ 倍范围内,且分布不均匀。

②电涡流密度在短路环半径 $r = 0$ 处为零。

③电涡流的最大值在 $r = r_{as}$ 附近的一个狭窄区域内。

④可以用一个平均半径为 $r_{as}(r_{as} = (r_i + r_a)/2)$ 的短路环来集中表示分散的电涡流(图中的阴影部分)。

二、电涡流强度与距离的关系(the relationship of eddy strength and distance)

理论分析和实验都已证明,当 x 改变时,电涡流密度发生变化,即电涡流强度随距离

x 的变化而变化。根据线圈—导体系统的电磁作用,可以得到金属导体表面的电涡流强度为

$$I_2 = I_1 \frac{1-x}{(x^2+r_{as}^2)^{1/2}} \qquad (4.3.2)$$

式中,I_1——线圈激励电流;

　　I_2——金属导体中等效电流;

　　x——线圈到金属导体表面的距离;

　　r_{as}——线圈外径。

根据上式作出的归一化曲线如图 4.3.3 所示。

以上分析表明:

①电涡流强度与距离 x 呈非线性关系,且随着 x/r_{as} 的增加而迅速减小。

②当利用电涡流式传感器测量位移时,只有在 $x/r_{as} \ll 1$(一般取 $0.05 \sim 0.15$)时才能得到较好的线性和较高的灵敏度。

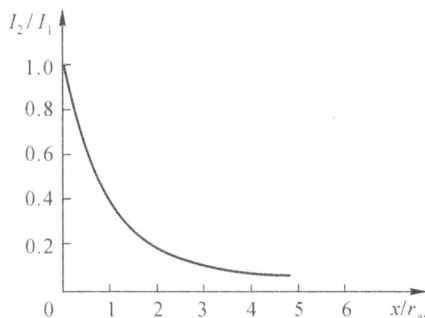

图 4.3.3　电涡流强度与距离归一化曲线

三、电涡流的轴向贯穿深度(axial penetration depth of eddy current)

由于趋肤效应,电涡流沿金属导体纵向(H_1 轴向)分布是不均匀的,其分布按指数规律衰减,可用下式表示

$$J_d = J_0 e^{-d/h} \qquad (4.3.3)$$

式中,d——金属导体中某一点与表面的距离;

　　J_d——沿 H_1 轴向 d 处的电涡流密度;

　　J_0——金属导体表面电涡流密度,即电涡流密度最大值;

　　h——电涡流轴向贯穿深度(趋肤深度)。

图 4.3.4 所示为电涡流密度轴向分布曲线。由图可见,电涡流主要分布在表面附近。

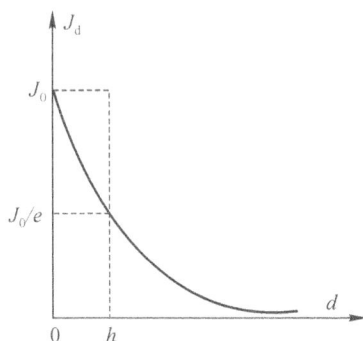

$$h = \left(\frac{\rho}{\pi \mu_r \mu_0 f}\right)^{1/2} \qquad (4.3.4)$$

图 4.3.4　电涡流密度轴向分布曲线

式中,ρ——被测体的电阻率;

　　μ_r——被测体的相对导磁率;

　　f——线圈激磁电流的频率。

由式(4.3.4)可知,被测金属体电阻率愈大,相对导磁率愈小,传感器线圈的激磁电流频率愈低,则电涡流贯穿深度 h 愈大。

4.3.3　测量电路(measurement circuits)

图 4.3.5 为本教程实验中采用的电涡流传感器测量电路。电路由以下三部分组成:

①振荡电路。Q_1、C_1、C_2、C_3 组成电容三点式振荡器，产生频率为 1MHz 左右的正弦载波信号。电涡流传感器接在振荡回路中，传感器线圈是振荡回路的一个电感元件。振荡器的作用是将位移变化引起的振荡回路的 Q 值变化转换成高频载波信号的幅值变化。

②涡流变换器。二极管 D_1 和 C_5、L_2、C_6 组成的 π 形滤波电路构成振幅检波器，检波器的作用是将高频调幅信号中由传感器检测到的低频调制信号取出来。

③Q_2 组成的射极跟随器。实现输入、输出匹配，以获得尽可能大的不失真输出。

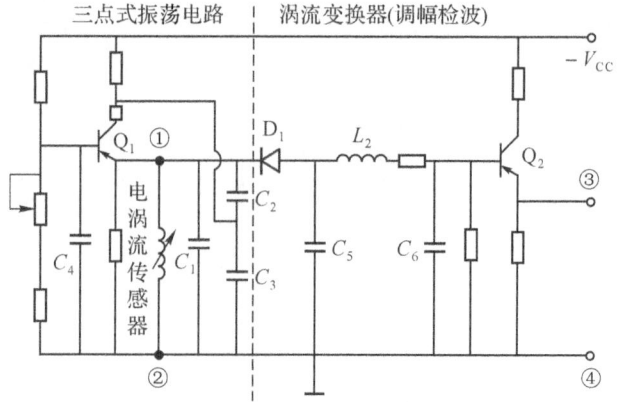

图 4.3.5　电涡流传感器测量电路

4.4　电容式传感器(capacitive sensors)

电容式传感器是把被测的机械量，如位移、压力等转换为电容量变化的传感器，它的敏感部分是具有可变参数的电容器。其优点为结构简单、价格便宜、灵敏度高、过载能力大、动态响应特性好和对高温、辐射、强振等恶劣条件的适应性强等。

电容式传感器是一种用途极广，很有发展潜力的传感器，在医学领域常用于眼压、血压、呼吸等生理参数的测量。

4.4.1　工作原理(working principle)

电容式传感器常用的是平板电容器和圆形电容器。在忽略边缘效应时，平板电容器的电容为

$$C = \frac{\varepsilon_r \varepsilon_0 A}{d} \qquad\qquad (4.4.1)$$

式中，C——电容量(F)；

　　　d——两平行极板间的距离(m)；

　　　ε_r——介质的相对介电常数；

　　　ε_0——真空的介电常数(F/m)；

　　　A——极板面积(m²)。

电容式传感器的基本工作原理是通过改变 ε_r、d、A 中的任意一个，从而实现电容量 C 的改变，由此常把电容式传感器分为三种类型：变极距型、变面积型和变介电常数型。

变面积型电容式传感器的结构如图 4.4.1 所示。

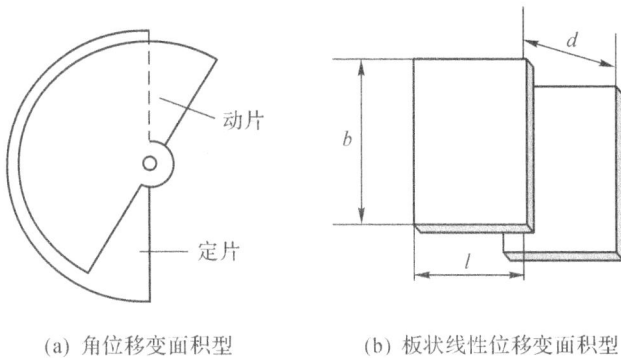

(a) 角位移变面积型　　　　　(b) 板状线性位移变面积型

图 4.4.1　变面积型电容式传感器结构示意图

一、角位移变面积型(variable area type with angular displacement)

这种形式的传感器类似于常见的单连可变电容。当动片转动一个角度 θ,遮盖面积就要发生变化,电容量也就随之变化。

当 $\theta=0$ 时,$C_0=\dfrac{\varepsilon A}{d}$ 　　　　　　　　　　　　　　　　　　(4.4.2)

当 $\theta\neq0$ 时,$C_\theta=\dfrac{\varepsilon A(1-\theta/\pi)}{d}=C_0\left(1-\dfrac{\theta}{\pi}\right)$ 　　　　　　(4.4.3)

可见电容量的变化与旋转角度成线性关系。

二、板状线性位移变面积型(variable area with plate-type linear displacement)

当动极板移离中心位置 x 时,

$$C_x=\frac{\varepsilon b(l-x)}{d}=C_0\left(1-\frac{x}{l}\right)\tag{4.4.4}$$

很明显,这种形式的传感器其电容量 C 与水平位移 x 是线性关系。

传感器的灵敏度为

$$K=\frac{\mathrm{d}C_x}{\mathrm{d}x}=-\frac{\varepsilon b}{d}\tag{4.4.5}$$

由上式可见,增大 b,减小 d 可提高灵敏度。

4.4.2　测量电路(measurement circuits)

电容传感器的测量电路用于检测电容量的变化,并将其转换为相应的电压、电流或者频率输出,电容变换电路有调频电路、运算放大器式电路、二极管双 T 型交流电桥电路和脉冲宽度调制电路等几种形式。

本教程实验中的电容变换器采用二极管双 T 型交流电桥电路,能够将两个差动电容器电容的差值转换为电压信号输出。电路原理如图 4.4.2 所示,图中 e 为幅值为 E 的对称方波高频电压源;C_1、C_2 为两个差动式电容传感器;R_L 为负载电阻;V_1、V_2 为两个二极管;R_1、R_2 为固定电阻。

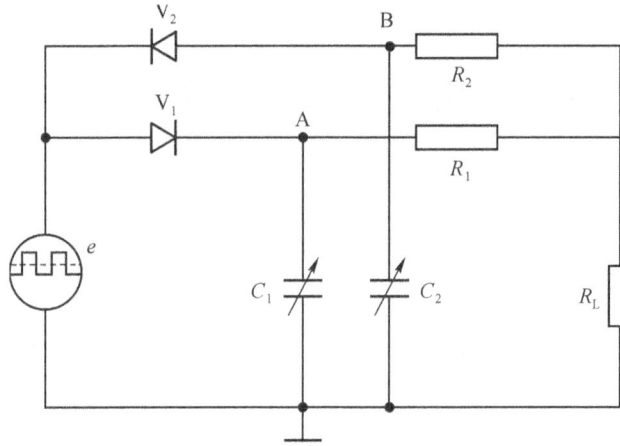

图 4.4.2　电容传感器的测量电路

电路工作原理如下：当电源为正半周时，V_1 导通，V_2 截止，电容 C_1 很快被充电至电压 E，电源 e 经 R_1 以电流 $I_1(t)$ 向负载 R_L 供电。与此同时，电容 C_2 经 R_2 和 R_L 放电，放电电流为 $I_2(t)$。流经 R_L 的电流 $I_L(t)$ 是 $I_1(t)$ 和 $I_2(t)$ 之和。当电源 e 为负半周时，V_1 截止，V_2 导通，此时 C_2 很快被充电至电压 $-E$，而流经 R_L 的电流 $I_L'(t)$ 为由 $-E$ 供给的电流 $I_2'(t)$ 和 C_1 的放电电流 $I_1'(t)$ 之和。

如果 V_1 与 V_2 的特性相同，且 $C_1 = C_2$，$R_1 = R_2 = R$，则流经 R_L 的电流 $I_L(t)$ 和 $I_L'(t)$ 的平均值大小相等，极性相反。因此，在一个周期内流经 R_L 的平均电流为零，R_L 上无输出信号。当 C_1、C_2 差动变化时，流经 R_L 的平均电流不为零，因而有信号输出。

利用电路分析求得在电源 e 负半周内电路的输出为

$$I_L'(t) = [E/(R+R_L)](1 - e^{-t/\tau_1})$$
$$\tau_1 = [R(2R_L+R)C_1]/(R+R_L)$$

同理在电源 e 正半周内电路的输出为

$$I_L(t) = [E/(R+R_L)](1 - e^{-t/\tau_2})$$
$$\tau_2 = [R(2R_L+R)C_2]/(R+R_L)$$

式中，输出电流的平均值 I_L 为

$$I_L = (1/T)\int_0^T [I_L'(t) - I_L(t)]\mathrm{d}t$$
$$I_L = E[(R+2R_L)/(R+R_L)^2]Rf(C_1 - C_2 - C_1 e^{-k_1} + C_2 e^{-k_2})$$

式中，E——方波电源 e 的幅度；

　　f——电源 e 的频率；

　　k_1——系数，$k_1 = (R+R_L)/[2RfC_1(R+2R_L)]$；

　　k_2——系数，$k_2 = (R+R_L)/[2RfC_2(R+2R_L)]$。

输出电压的平均值 U_L 为

$$U_L = I_L R_L$$

适当选择电路中元件的参数以及电源频率 f，使 I_L 中指数项误差小于 1%，于是得

$$U_L \approx E[(R+2R_L)/(R+R_L)^2]RfR_L(C_1 - C_2)$$

4.5　压电式传感器(piezoelectric sensors)

压电式传感器是基于压电效应的传感器,它的敏感元件由压电材料制成,可用于测量力和能变换为力的非电量,如压力、加速度等。目前,压电材料可粗略地分为天然晶体、压电陶瓷以及高分子压电聚合物三类。压电式传感器具有频带宽、灵敏度和信噪比高、结构简单、工作可靠以及重量轻等优点。

在生物医学领域,压电传感器是超声换能器的核心部件,同时广泛应用于各种压力如脉搏、心音等生理参数的测量。

4.5.1　工作原理(working principle)

某些晶体,当受到特定方向外力作用的时候,内部会产生极化现象,即同时在某两个表面上产生符号相反的电荷;当外力消失后,又回到不带电状态;电荷的极性随着外力方向的改变而改变,而电荷量与外力的大小成正比。上述现象称为正压电效应。晶体也会因为外部附加交变电场而产生机械形变,这种现象称为逆压电效应,也称为电致伸缩效应。压电传感器大都是利用压电材料的正压电效应制成的。压电转换元件受力变形的状态一般有如图 4.5.1 所示的几种基本形式。

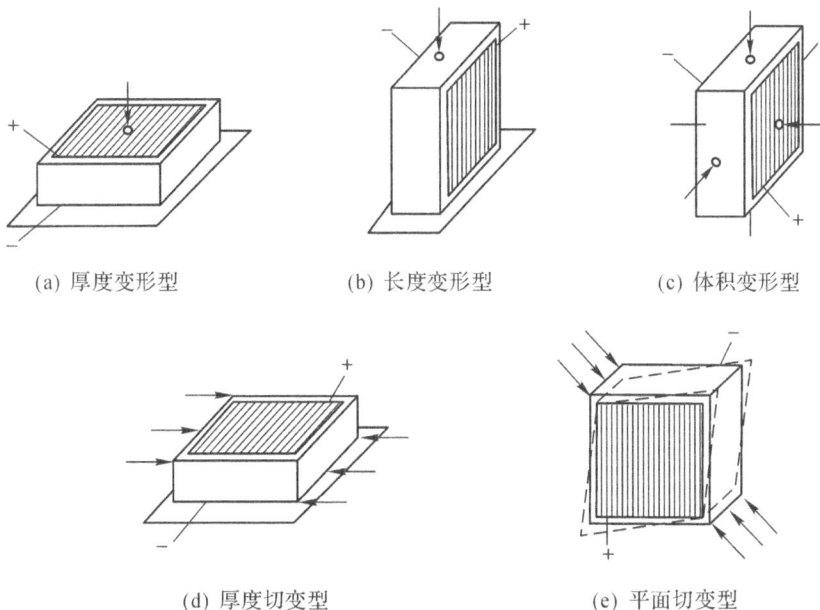

(a) 厚度变形型　　　(b) 长度变形型　　　(c) 体积变形型

(d) 厚度切变型　　　(e) 平面切变型

图 4.5.1　压电转换元件受力变形的几种基本形式

压电晶体是各向异性的,并不是所有压电晶体都能在这几种变形状态下产生压电效应。例如石英晶体就没有体积变形压电效应,但是它具有良好的厚度变形和长度变形压电效应。一般采用数字下脚标表示压电晶体平面和受力方向,即用 1,2,3 分别表示 X,

Y,Z 三个轴的方向,而以 4,5,6 表示围绕 X,Y,Z 三个轴的切向作用。下标符号表示顺序,如 d_{ij} 即表示在 j 方向受力而在 i 方向上得到电荷。图 4.5.2 是压电晶体转换元件坐标系的表示方法。

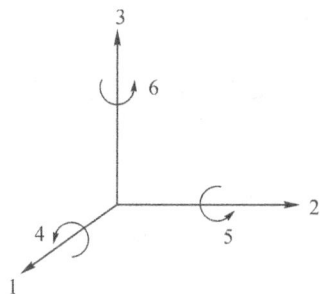

如果对压电晶片作用力,当沿着 X 轴施加应力 σ_{xx} 时,将在垂直与 X 轴的表面上产生电荷,这种现象即纵向压电效应。沿着 Y 轴施加应力 σ_{xy} 时,电荷仍出现在与 X 轴垂直的表面上,这即是横向压电效应。当沿着既垂直于 Z 轴又垂直于 X

图 4.5.2　压电转换元件坐标系的表示方法

轴方向上施加剪切力 τ_{xy} 时,在垂直于 X 轴的表面上产生电荷,这种现象即是切向压电效应。通常在石英晶体中可以看到的纵向、横向和切向压电效应如图 4.5.3 所示。

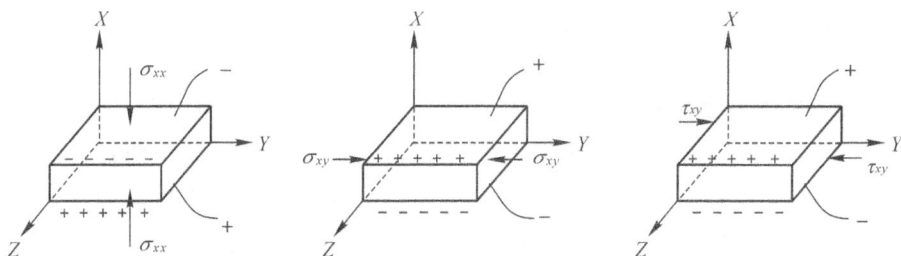

图 4.5.3　石英晶片上受力方向与电荷的关系

纵向压电效应产生的电荷为

$$Q_{11}=d_{11}F_x \tag{4.5.1}$$

晶体两表面的电压为

$$U_{11}=Q_{11}/C_{11}=d_{11}F_x/C_{11} \tag{4.5.2}$$

式中,C_{11}——晶体两表面间的电容量。

横向压电效应产生的电荷,对于矩形晶片为

$$Q_{12}=d_{12}\frac{l}{\delta}F_y \tag{4.5.3}$$

式中,l——矩形晶片的长度;

δ——晶片的厚度。

由晶体轴的对称条件 $d_{12}=-d_{11}$,所以

$$Q_{12}=-d_{11}\frac{l}{\delta}F_y \tag{4.5.4}$$

晶体两表面间的电压为

$$U_{12}=\frac{Q_{12}}{C_{11}}=-d_{11}\frac{l}{\delta}\frac{F_y}{C_{11}} \tag{4.5.5}$$

式中,C_{11}——矩形晶片的电容量。

由以上的分析可知,纵向压电效应产生的电荷量和电压值与晶片的几何尺寸无关,而在横向压电效应时,产生的电荷量和电压值与晶体几何尺寸有关,比值 l/δ 越大,灵敏度越高,式中的负号表示纵向与横向压电效应产生的电荷极性相反。

4.5.2　测量电路(measurement circuits)

由于压电传感器内阻很高,且信号微弱,因此一般不能直接显示和记录,需要经过二次仪表进行阻抗变换和信号放大。

因为压电传感器产生的电荷量很少,它除自身有极高要求的绝缘电阻外,同时要求测量电路前极输入端也要有足够高的阻抗,以防止电荷迅速泄漏而引入测量误差。压电传感器的前置放大器有两个作用,一是把压电传感器的微弱信号放大,二是把传感器的高阻抗输入变为低阻抗输出。根据压电传感器的等效电路,它的输出可以是电压,也可以是电荷,所以前置放大器有电压前置放大器和电荷前置放大器两种。

电压前置放大器所配接的压电传感器的电压灵敏度将随电缆分布电容、传感器自身电容而变化;传感器绝缘电阻的下降又势将恶化测量系统的低频特性。为了消除电缆分布电容、传感器自身电容对测量造成的影响而采用电荷放大器接口设计。电荷放大器实际上是一个具有深度负反馈的高增益运算放大器。图 4.5.4 为压电传感器与电荷放大器连接的等效电路。

图中,C_f——电荷放大器反馈电容;
　　　C_a——传感器电容;
　　　C_c——电缆电容;
　　　C_i——放大器输入电容;
　　　R_f——反馈电容的漏电阻;
　　　A——运算放大器开环增益。

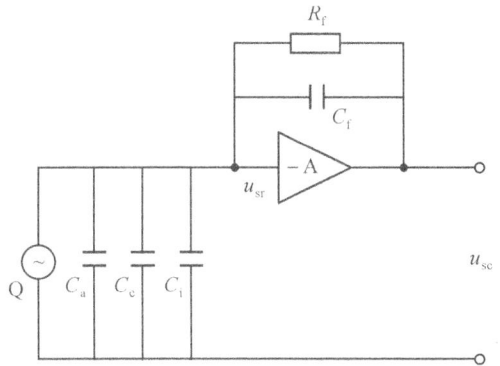

图 4.5.4　电荷放大器的等效原理

反馈电容 C_f 折合到放大器输入端的有效电容 C_f' 为

$$C_f' = (1+A)C_f \tag{4.5.6}$$

如果忽略运放的输入电阻 R_i 和反馈电容的漏电阻 R_f,则放大器的输入阻抗为 C_i 和 C_f' 并联的等效阻抗。由于电容并联,所以压电晶体不仅对反馈电容充电,也对其他电容充电。

故放大器的输入电压为

$$u_{sr} = \frac{Q}{C_a + C_c + C_i + (1+A)C_f} \tag{4.5.7}$$

此时,放大器的输出电压为

$$u_{sc} = -Au_{sr} = \frac{-AQ}{C_a + C_c + C_i + (1+A)C_f} \tag{4.5.8}$$

因为 $A \gg 1$,则 $(1+A)C_f \gg (C_a + C_c + C_i)$,所以 $u_{sc} = -Q/C_f$,这清楚地说明电荷放大器的输出电压仅与传感器产生的电荷量及电荷放大器有关。

在实际线路中所采用的运算放大器开环增益为 $10^4 \sim 10^6$ 数量级,反馈电容 C_f 一般不小于 100pF。故此,对测量系统中所使用的 100pF/m 寄生电容的低噪音同轴电缆,即使长达 1000m 以上,其长度变化亦不会影响测量精度。这对测量弱信号和经常需要更换不同长度的联接电缆或远距离测量的场合显得特别有利,而且可以通过调节 C_f 来调节电荷放大器的灵敏度。

图 4.5.5 为试验中所用电荷放大器的电路图。

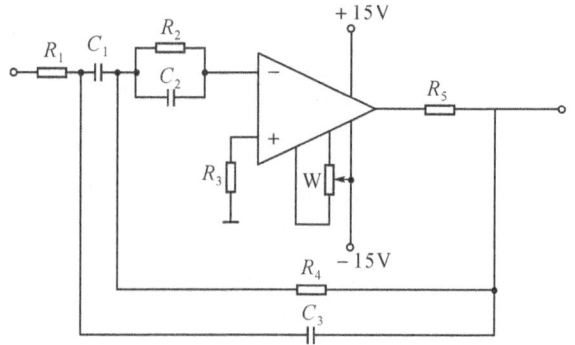

图 4.5.5　电荷放大器电路

4.6　磁电感应式传感器(electromagnetic inductive sensor)

磁电式传感器是通过磁电效应将被测量如位移、速度、加速度等物理量转化为电信号的一种传感器,主要分为磁电感应式传感器和霍尔式传感器。磁电感应式传感器属于有源传感器,不需要辅助的电源就能把被测物理量转换成电信号;而霍尔传感器则需要外加直流偏置,属于无源传感器。磁电式传感器具有输出功率大、性能稳定以及工作频带宽等优点,因此在医疗、自动控制、机械工程等领域应用广泛。

4.6.1　工作原理(working principle)

根据法拉第电磁感应定律,匝数为 n 的导体线圈在磁场中运动,穿过线圈的磁通量为 Φ,那么线圈内感生电动势 E 满足如下方程

$$E = -n\frac{\mathrm{d}\Phi}{\mathrm{d}t} \tag{4.6.1}$$

在匀强磁场中,磁通量 $\Phi = BS$,这里 B 表示匀强磁场的磁场强度,S 表示线圈正对磁场的面积。

$$E = -n\frac{\mathrm{d}\Phi}{\mathrm{d}t} = -n\frac{B\mathrm{d}S}{\mathrm{d}t} = -\frac{Bl\mathrm{d}x}{\mathrm{d}t} = -Blv \tag{4.6.2}$$

式中,l——切割磁感应线的导体长度;

　　　v——导体在磁场中的运动速度。

可见,磁通量改变和磁场中导体运动变化都会引起感生电动势的改变。根据产生电动势方式的不同,可以设计出两种不同结构的传感器:变磁通式和恒磁通式。

图 4.6.1 为恒磁通式磁电传感器典型结构,它由永久磁铁、线圈、弹簧、金属骨架等组成。磁路系统产生恒定的直流磁场,磁路中的工作气隙固定不变,因而气隙中磁场也是恒定不变的。其运动部件可以是线圈(动圈式),也可以是磁铁(动铁式),动圈式(图 4.6.1

(a))和动铁式(图 4.6.1(b))的工作原理是完全相同的。

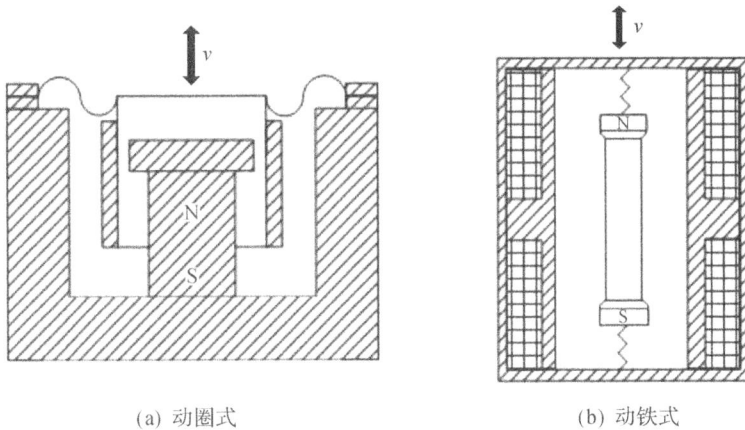

(a) 动圈式　　　　　　　　　(b) 动铁式

图 4.6.1　恒磁通式磁电传感器结构原理图

永久磁铁与线圈之间的相对运动速度接近于振动体振动速度,磁铁与线圈相对运动切割磁力线,从而产生感应电势

$$E = -nB_0Lv \tag{4.6.3}$$

式中,B_0——工作气隙磁感应强度;

　　L——每匝线圈平均长度;

　　n——线圈在工作气隙磁场中的匝数;

　　v——磁铁与线圈的相对运动速度。

可见,磁电感应式传感器的感生电动势 E 与速度 v 成正比,因此它可以作为速度换能器使用。另外由于速度与加速度和位移之间存在着微分和积分的关系,因此在传感器检测电路中加入微分或积分电路就可以用来测量加速度或位移。

4.6.2　基本特性(basic features)

如图 4.6.2,可以将传感器简化为一个电动势为 E,内阻为 R 的电压源。当测量电路接入磁电传感器电路中,磁电传感器的输出电流 I_0 为

$$I_0 = \frac{E}{R+R_f} = \frac{nB_0Lv}{R+R_f} \tag{4.6.4}$$

式中,R_f——测量电路输入电阻。

传感器的电流灵敏度为

$$S_I = \frac{I_0}{v} = \frac{nB_0L}{R+R_f} \tag{4.6.5}$$

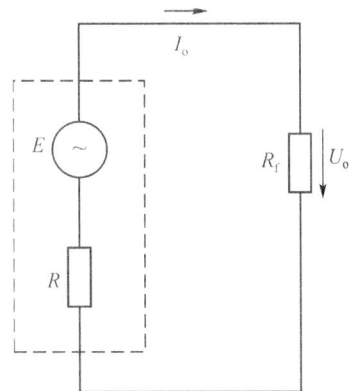

图 4.6.2　磁电传感器简化电路模型

而传感器的输出电压和电压灵敏度分别为

$$U_0 = I_0R_f = \frac{nB_0LvR_f}{R+R_f} \tag{4.6.6}$$

$$S_U = \frac{U_0}{v} = \frac{nB_0 LR_f}{R+R_f} \qquad (4.6.7)$$

当传感器的工作温度发生变化或受到外界磁场干扰、机械振动或冲击时,其灵敏度将发生变化而产生测量误差。相对误差为

$$\gamma = \frac{dS_I}{S_I} = \frac{dB}{B} + \frac{dL}{L} - \frac{dR}{R} \qquad (4.6.8)$$

4.6.3　测量电路(measurement circuits)

　　磁电感应式传感器直接输出感应电势,并且通常情况下灵敏度较高,因此不需要高增益的前置放大器。另外,磁电感应式传感器除了可以测量速度变化外,还可测量加速度和位移,若要获取此类信号,则需要配用微分电路或积分电路。图 4.6.4 为一般的磁电感应式传感器测量电路方框图,图 4.6.5 为试验仪中的差动放大器电路图。

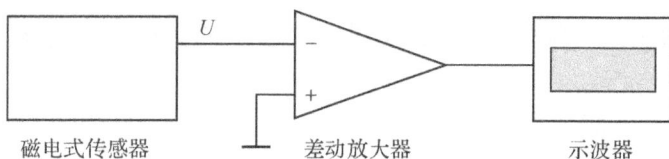

图 4.6.4　磁电式传感器测量电路

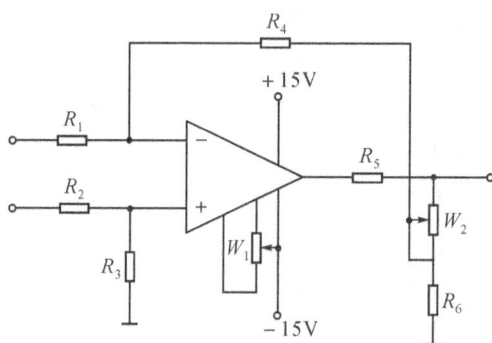

图 4.6.5　差动放大器

4.7　霍尔式传感器(Hall sensors)

4.7.1　工作原理(working principle)

　　霍尔传感器是基于霍尔效应的磁电传感器,霍尔效应是磁电效应的一种。随着半导体技术的发展,霍尔元件开始采用半导体材料制作,由于它的霍尔效应显著而得到应用和发展。霍尔传感器广泛用于电磁、压力、加速度、振动等方面的测量。

置于磁场中的静止载流导体,当它的
电流方向与磁场方向不一致时,导体中的
电子与空穴会受到不同方向的洛伦茨力
而向不同方向聚集,在聚集起来的电子与
空穴之间会产生电场,这种现象称为霍尔
效应,而产生的电势称为霍尔电势。如图
4.7.1所示,在垂直于外磁场 B 的方向上
放置一导电板,导电板通以电流 I,方向如
图所示。导电板中的电流是金属中自由
电子在电场作用下的定向运动。此时,每
个电子受洛伦茨力 f_m 的作用。

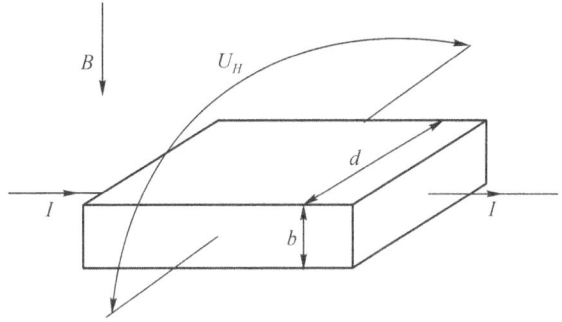

图 4.7.1　霍尔效应

$$f_m = eBv \tag{4.7.1}$$

式中,e——电子电荷;

v——电子运动平均速度;

B——磁场的磁感应强度。

如图 4.7.1,电子除了沿电流反方向作定向运动外,还在洛伦茨力 f_m 的作用下向背
面漂移,结果使金属导电板背面积累电子,而前面积累正电荷,从而形成了附加内电场
E_H,称霍尔电场,该电场强度为

$$E_H = \frac{U_H}{d} \tag{4.7.2}$$

式中,U_H 为霍尔电动势。

霍尔电场的出现,使定向运动的电子除了受洛伦茨力作用外,还受到电场力 $F = eE_H$
的作用,阻止电荷继续积累。当电子积累达到平衡时:

$$eE_H = evB \tag{4.7.3}$$

若金属导电板单位体积内电子数为 n,电子定向运动平均速度为 v,则激励电流 $I =
nevbd$,则

$$v = \frac{I}{bdne} \tag{4.7.4}$$

由式(4.7.3)得

$$E_H = vB \tag{4.7.5}$$

由式(4.7.2)、式(4.7.5)和式(4.7.4)可得

$$U_H = E_H d = vBd = IBd/(bdne) = IB/(neb) \tag{4.7.6}$$

令 $R_H = \frac{1}{ne}$,称之为霍尔系数,其大小取决于导体载流子密度 n。则

$$U_H = R_H \frac{IB}{b} = K_H IB \tag{4.7.7}$$

式中,$K_H = \frac{R_H}{b}$,称为霍尔片的灵敏度。

可见,霍尔电势正比于激励电流和磁感应强度,其灵敏度与霍尔系数 R_H 成正比而与

霍尔片厚度成反比。为了提高灵敏度,霍尔元件常制成薄片形状。

对霍尔片材料的要求,希望有较大的霍尔系数 R_H。霍尔元件激励极间电阻 $R = \dfrac{\rho l}{bd}$,同时 $R = \dfrac{U}{I} = \dfrac{El}{I} = \dfrac{l}{\mu nebd}$,其中 U 为加在霍尔元件两端的激励电压,E 为霍尔元件激励极间内电场,v 为电子移动的平均速度,$\mu = v/E$ 称为电子迁移率。则

$$\frac{\rho l}{bd} = \frac{l}{\mu nebd} \tag{4.7.8}$$

解得

$$R_H = \mu \rho \tag{4.7.9}$$

可见,霍尔系数等于霍尔片材料的电阻率与电子迁移率 μ 的乘积。R_H 越大霍尔效应越强,因此要求霍尔片材料有较大的电阻率和载流子迁移率。目前常用的霍尔元件材料有:锗、硅、砷化铟、锑化铟等半导体材料。一般电子迁移率大于空穴迁移率,因此霍尔元件多采用 N 型半导体。N 型锗容易加工制造,其霍尔系数、温度性能和线性度都较好;N 型硅的线性度最好,其霍尔系数、温度性能同 N 型锗相近。

霍尔元件的结构如图 4.7.2(a)所示,从一个矩形薄片状半导体的两个相互垂直的侧面上,各引出一个电极,用于加激励电压或电流,称为激励电极;另两个侧面正中引出一对电极用来测量霍尔电势,称为霍尔电极。在半导体片的外面用金属或陶瓷环氧树脂等封装作为外壳。图 4.7.2(b)是霍尔元件的图形符号。

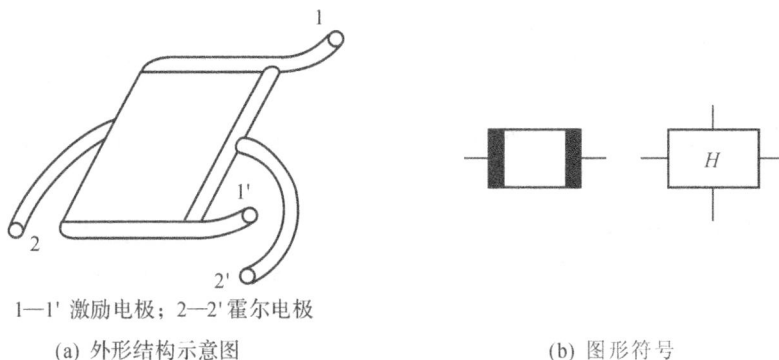

1—1' 激励电极;2—2' 霍尔电极

(a) 外形结构示意图   (b) 图形符号

图 4.7.2　霍尔元件

4.7.2　基本特性(basic features)

一、不等位电势和不等位电阻(unequal potential and unequal resistance)

当霍尔元件的激励电流不为零时,若元件所处位置磁感应强度为零,则它的霍尔电势应该为零,但实际情况下这个值通常不为零。这时测得的空载霍尔电势称不等位电势。产生这一现象的原因有:

①霍尔电极安装位置不对称或不在同一等电位面上;

②半导体材料不均匀造成了电阻率不均匀或是几何尺寸不均匀;

③激励电极接触不良造成激励电流不均匀分布等。

不等位电势也可用不等位电阻表示

$$r_0 = \frac{U_0}{I_H} \tag{4.7.10}$$

式中，U_0——不等位电势；

$\quad r_0$——不等位电阻；

$\quad I_H$——激励电流。

由上式可以看出，不等位电势就是激励电流流经不等位电阻 r_0 所产生的电压。

二、寄生直流电势(parasitic DC potential)

在外加磁场为零、霍尔元件用交流激励时，霍尔电极输出除了交流不等位电势外，还有一直流电势，称寄生直流电势。寄生直流电势一般在 1 mV 以下，它是影响霍尔元件温漂的原因之一。其产生的原因有：

①激励电极与霍尔电极接触不良，形成了接触电容，造成整流效果；

②两个霍尔电极大小不对称，则两个电极点的热容不同、散热状态不同，形成极向温差电势。

三、霍尔电势温度系数(Hall potential temperature coefficient)

在一定磁感应强度和激励电流下，温度每变化1℃时，霍尔电势变化的百分率称霍尔电势温度系数。它同时也是霍尔系数的温度系数，通常情况下温度也是影响霍尔传感器测量的一个重要因素。

4.7.3　霍尔元件补偿电路(Hall element compensation circuit)

一、不等位电势补偿(unequal potential compensation)

不等位电势与霍尔电势具有相同的数量级，有时甚至超过霍尔电势，要消除不等位电势须采用补偿的方法。如图 4.7.3 所示，其中 A、B 为激励电极，C、D 为霍尔电极，极间分布电阻分别用 R_1，R_2，R_3，R_4 表示。理想情况下，$R_1 = R_2 = R_3 = R_4$，即可取得零位电势为零（零位电阻为零）。实际上，由于不等位电阻的存在，说明此四个电阻值不相等，可将其视为电桥的四个桥臂，则电桥不平衡。为使其达到平衡可在阻值较大的桥臂上并联电阻（如图 4.7.3(a)所示），或在两个桥臂上同时并联电阻（如图 4.7.3(b)所示）。

二、温度补偿(temperature compensation)

霍尔元件是采用半导体材料制成的，因此它的许多参数都具有较大的温度系数。当温度变化时，霍尔元件的载流子浓度、迁移率、电阻率及霍尔系数都将发生变化，从而使霍尔元件产生温度误差。

为了减小霍尔元件的温度误差，除选用温度系数小的元件或采用恒温措施外，由 U_H

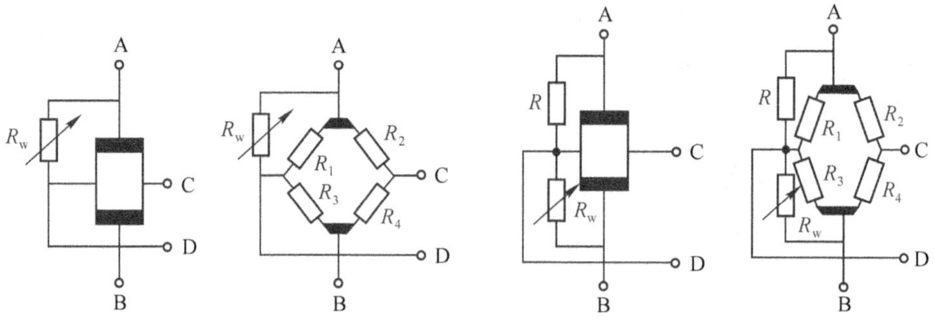

(a) (b)

图 4.7.3 不等位电势补偿电路

$=K_H IB$ 可看出：采用恒流源供电是个有效措施，可以使霍尔电势稳定。但这也只能减小由于输入电阻随温度变化引起激励电流 I 变化带来的影响。

霍尔元件的灵敏系数 K_H 也是温度的函数，它随温度的变化引起霍尔电势的变化。霍尔元件的灵敏度系数与温度的关系可写成

$$K_H = K_{H0}(1 + \alpha \Delta T) \tag{4.7.9}$$

式中，K_{H0}——温度 T_0 时的 K_H 值；

$\Delta T = T - T_0$——温度变化量；

α——霍尔电势温度系数。

大多数霍尔元件的温度系数 α 是正值，它们的霍尔电势随温度升高而增加 $(1 + \alpha \Delta T)$ 倍。如果，与此同时让激励电流 I 相应地减小，并能保持 $K_H I$ 乘积不变，也就抵消了灵敏系数 K_H 增加的影响。图 4.7.4 就是按此思路设计的一个既简单、补偿效果又较好的补偿电路。电路中用一个分流电阻 R_P 与霍尔元件的激励电极相并联，该电阻具有与霍尔元件相反的温度系数。当霍尔元件的 K_H 随温度升高而增加时，旁路分流电阻 R_P 自动地改变分流，调整霍尔元件的激励电流 I_H，从而达到补偿的目的。

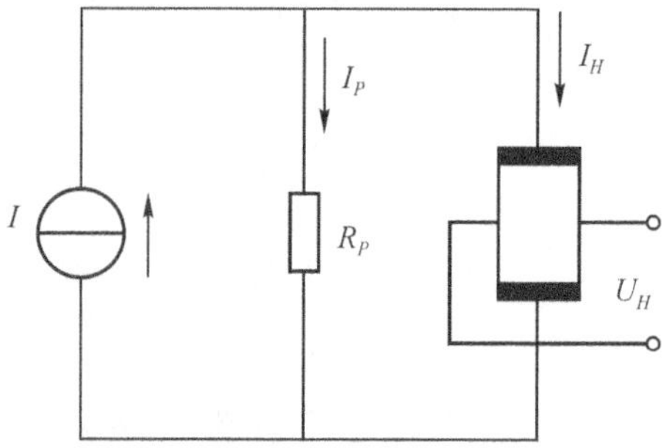

图 4.7.4 恒流温度补偿电路

4.7.4 测量电路(measurement circuits)

图 4.7.5 是交流信号激励下的霍尔式传感器振动测量系统。本教程的实验中采用相敏检波器构成测量电路，以保证测量电路的输出电压能充分反映被测位移量的变化。霍尔式传感器测量小位移时，输出信号过小，所以要接入放大器。相敏检波器要求参考电压与输入电压频率相同、相位相同或相反，因此需要在音频振荡器的输出与相敏检波器的参考电压端之间接入移相器。相敏检波器的输出信号经低通滤波器消除高频分量后，得到与霍尔片运动一致的有用信号。图中电位器 W_D 和 W_A 用于直流不等位电势和交流不等位电势补偿；当霍尔片位于梯度磁场的中间位置时，调节 W_D 和 W_A 使电路的输出最小，

实现不等位电势补偿。

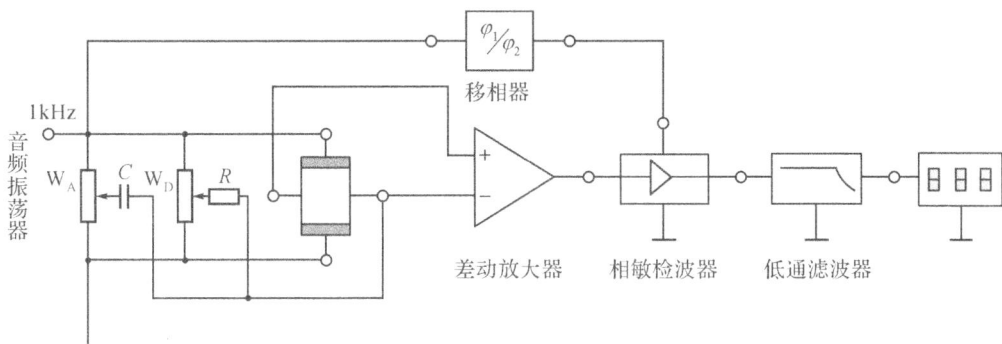

图 4.7.5　霍尔式传感器振动测量系统

4.8　光纤传感器(fiber optic sensor)

光纤传感器与传统的各类传感器相比有一系列优点。如不受电磁干扰,体积小,重量轻,可挠曲,灵敏度高,耐腐蚀,电绝缘,防爆性好,易与微机连接,便于遥测等。它能用于温度、压力、应变、位移、速度、加速度、磁、电、声和 pH 值等各种物理量的测量。

光纤传感器可以分为两大类:一类是功能型(传感型)传感器;另一类是非功能型(传光型)传感器。功能型传感器是利用光纤本身的特性把光纤作为敏感元件,被测量对光纤内传输的光进行调制,使传输的光的强度、相位、频率或偏振态等特性发生变化;再通过对被调制过的信号进行解调,从而得到被测信号。非功能型传感器是利用其他敏感元件感受被测量的变化,光纤仅作为信息的传输介质。

4.8.1　光纤的结构(structure of fiber optic)

光导纤维简称为光纤,目前基本上还是采用石英玻璃,其结构如图 4.8.1 所示。中心的圆柱体叫纤芯,围绕着纤芯的圆形外层叫做包层,纤芯和包层主要由不同掺杂的石英玻璃制成,纤芯的折射率略大于包层的折射率,在包层外面还常有一层保护套,多为尼龙材料。光纤的导光能力取决于纤芯和包层的性质,而光纤的机械强度由保护套维持。

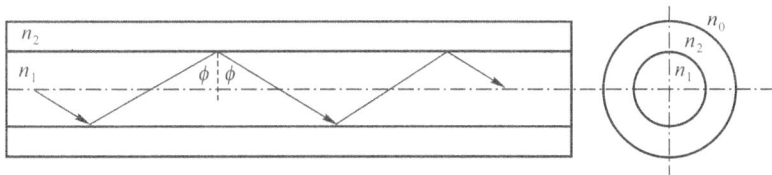

图 4.8.1　光纤的结构

4.8.2　光纤的传输原理(transmission principle of optical fiber)

当光纤的直径比光的波长大很多时,可以用几何光学的方法来说明光在光纤内的传播。设有一段圆柱形光纤,如图 4.8.2 所示,它的两个端面均为光滑的平面。当光线射入一个端面并与圆柱的轴线成 θ 角时,根据折射定律,在光纤内折射成 θ_1,然后以 φ 角入射至纤芯与包层的界面。若要在界面上发生全反射,则纤芯与界面的光线入射角 φ 应大于临界角 φ_2 即

$$\varphi \geqslant \varphi_2 = \arcsin \frac{n_2}{n_1} \tag{4.8.1}$$

光线在光纤内部以同样的角度反复逐次反射,直至传播到另一端面。

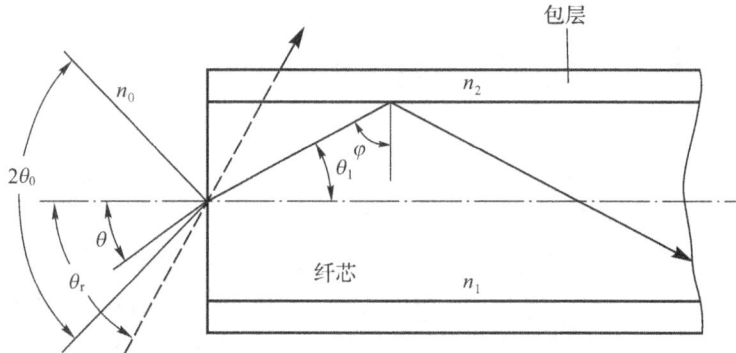

图 4.8.2　光纤的传光原理

为满足光在光纤内的全内反射,光入射到光纤端面的临界入射角 θ_0 应满足下式:

$$n_0 \sin\theta_0 = n_1 \sin\theta_1 \tag{4.8.2}$$

而 $n_1 \sin\theta_1 = n_1 \sin\left(\frac{\pi}{2} - \varphi\right) = n_1 \cos\varphi = n_1(1 - \sin^2\varphi)^{1/2} = (n_1^2 - n_2^2)^{1/2}$,所以

$$n_0 \sin\theta_0 = (n_1^2 - n_2^2)^{1/2} \tag{4.8.3}$$

实际工作时需要光纤弯曲,但只要满足全反射条件,光线仍能继续前进。一般光纤所处环境为空气,则 $n_0 = 1$。这样若要在界面上产生全反射,在光纤端面上的光线入射角必须为

$$\theta \leqslant \theta_0 = \arcsin(n_1^2 - n_2^2)^{1/2} \tag{4.8.4}$$

表示光纤集光本领的术语叫数值孔径 NA,

$$NA = \arcsin(n_1^2 - n_2^2)^{1/2} \tag{4.8.5}$$

数值孔径反映纤芯接收光量的多少。其意义是:无论光源发射功率有多大,只有入射光处于光锥内,光纤才能导光。如入射角过大,如图 4.8.2 中角 θ_r 经折射后不能满足式(4.8.1)的要求,光线便从包层逸出而产生漏光。所以 NA 是光纤的一个重要参数。一般希望有大的数值孔径,这有利于耦合效率的提高,但数值孔径过大,会造成光信号畸变,所以要适当选择数值孔径的数值。

4.8.3　测量电路(measurement circuits)

图 4.8.3 是一个反射式光纤传感器位移测量系统。发光管发出的光,经光纤束 a 传送,照射到被测物表面,经反射与光纤束 b 耦合后被接收管检测到。距离 X 变化时接收管检测到的光强度不同,于是就可以测量位移。

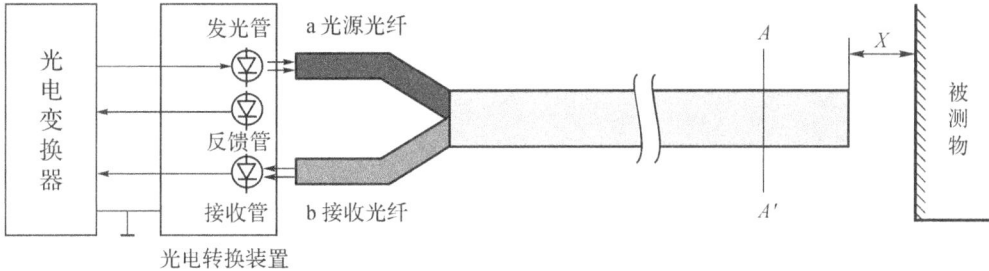

图 4.8.3　光纤传感器位移测量系统

光纤束由多根光导纤维组成,其中一半为传输发射光的光源光纤,一半为传输反射光的接收光纤。根据光源光纤和接收光纤组合方式的不同,光纤的结构有半圆式、随机式和同心式,图 4.8.4 为这三种光纤的截面图。

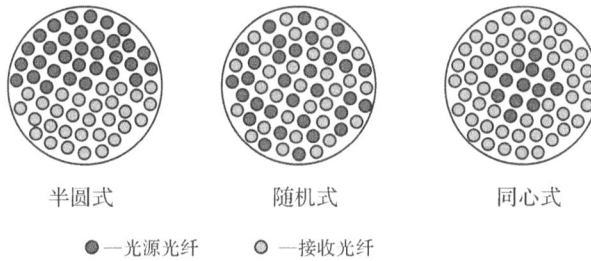

图 4.8.4　A-A' 截面

为了使光强度变化只与距离 X 有关,就要求发光管发出的光是稳定的。在光电变换器中采用光功率反馈系统来稳定光源,其原理如图 4.8.5 所示。这是一个负反馈系统,在发光管旁边放一个监视光功率的反馈管,用反馈管输出的变化(即光功率的变化)来控制发光管的发光强度使发光管发出的光功率稳定。

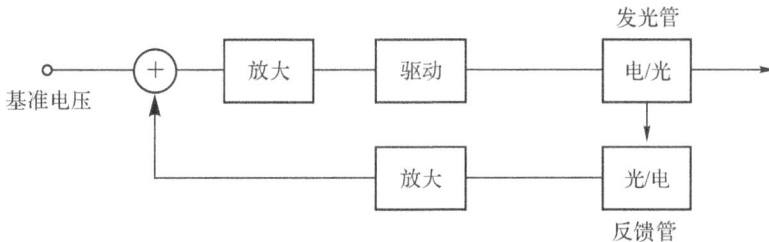

图 4.8.5　光功率反馈系统

4.9　热电式传感器(thermoelectric sensor)

温度检测中最简单、最广泛应用的现象大概要算是热膨胀。这是玻璃水银温度计以及测量和控制中的其他各种传感元件的基础。在电子温度记录和显示中,根据热电阻和热电效应制成的换能器十分广泛地应用于生物和医学中。本节将讨论这些效应以及用它们作为温度测量的方法。

4.9.1　热电阻传感器(thermoresistance sensor)

几乎所有物质的电阻率都随其本身的温度的变化而变化,这一物理现象称为热电阻效应。利用这一原理制成的温度敏感元件称为热电阻,一般采用导体或半导体材料。大多数金属导体和半导体的电阻率都随温度发生变化,都称为热电阻。纯金属有正的电阻温度系数,半导体有负的电阻温度系数。这种电阻对温度的依赖关系,可以用来检测表征电阻周围介质性质的各种非电量,如温度、速度、浓度、密度等。随着科学技术的发展,热电阻的应用范围已扩展到 $1\sim5K$ 的超低温领域。同时在 $1000\sim1200℃$ 温度范围内也有足够好的特性。

一、金属热电阻(metal theromoresitance)

(1)工作原理(working principle)

利用感温电阻,把测量温度转化成测量电阻的电阻式测温系统,常用于测量 $-200\sim500℃$ 范围内的温度。它是利用热电阻的电阻率温度系数制成温度传感器。用金属导体制成的传感器,称为金属电阻温度计。大多数金属导体的电阻,都具有随温度变化的特性。其特性方程式如下:

$$R_T = R_0 [1 + \alpha(T - T_0)] \tag{4.9.1}$$

式中,R_0——元件在 T_0 时的电阻;

α——T_0 时的电阻温度系数;

R_T——温度为 T 时元件的电阻值。

对于绝大多数金属导体,温度系数 α 并不是一个常数,而是温度的函数,但在一定的温度范围内可近似地看作一个常数。不同的金属导体,温度系数所对应的温度范围不同。常用的金属热电阻材料是铂、铜、铁和镍。选作感温元件的材料应满足如下要求:

①材料的电阻温度系数越大,热电阻的灵敏度越高;

②在测温范围内,材料的物理、化学性质应稳定;

③在测温范围内,温度系数保持恒定,便于实现温度表的线性刻度特性;

④具有比较大的电阻率,以利于减少热电阻的体积,减小热惯性;

⑤特性复现性好,容易复制。

铂的物理、化学性能非常稳定,是目前制造金属热电阻的最好材料。铂电阻主要作为标准电阻温度计。广泛地应用于温度的基准、标准的传递。

　　铜丝可用来制造-50～150℃范围内的工业用电阻温度计。灵敏度比铂电阻高,但铜易于氧化,一般只用于150℃以下的低温测量和没有水分及无侵蚀性介质中的温度测量。

　　铁和镍这两种金属的电阻温度系数较高,电阻率较大,故可做成体积小、灵敏度高的电阻温度计。其缺点是容易氧化、化学稳定性差、不易提纯,复制性差,而且电阻值与温度的线性关系差,所以目前应用不多。

　　热电阻的结构比较简单,一般将电阻丝绕在云母、石英、陶瓷、塑料等绝缘骨架上,经过固定,外面再加上保护套管。但骨架性能的好坏,影响其测量精度、体积大小和使用寿命。对骨架的要求是:①电绝缘性能强;②在高、低温下有足够的机械强度,在高温下有足够的刚度;③膨胀系数要小,在温度变化后不给热电阻丝造成压力;④不对电阻丝产生化学作用。

(2)测量电路(measurement circuits)

　　电阻温度计的测量电路常用的是采用精度较高的电桥电路。为消除由于连接导线电阻随环境温度变化而造成的测量误差,常采用三线和四线连接法。

　　图4.9.1是三线连接法的原理图。r_1,r_2,r_3为延长线电阻,E_S为电压源,电容用来清除噪声,R_1,R_2,R_0为固定电阻,R_d为零位调节电阻。热电阻R_T通过电阻为r_1,r_2,r_3的三根导线和电桥连接,r_1和r_2分别接在相邻的两臂内,当温度变化时,只要它们的长度和电阻温度系数相同,它们的电阻变化就不会影响电桥的状态。三线接法在低温测量中得到广泛的应用。其缺点是需要辅助电源。热容量大限制了它在动态测量中的应用。为避免热电阻中流过电流的加热

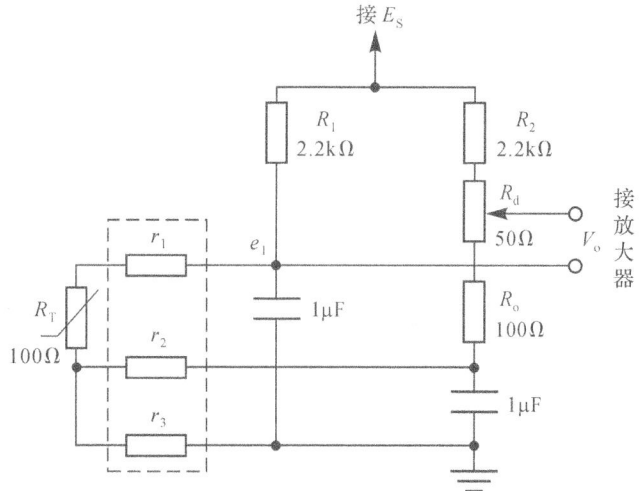

图4.9.1　热电阻测量的三线连接法

效应,在设计电桥时,要使流过热电阻的电流尽量小,一般小于10 mA。

　　第二种可能的误差源是在各个触点上产生的热电电动势。将所有触点保持在同一温度下,用交流激励可减少这种误差。另一个重要效应是流过电阻元件的电流产生的自热效应。误差数值取决于热传递情况,使用脉冲激励能减少这种误差而又不致降低桥路的灵敏度。然而,这样做增加了一般不希望有的复杂性。实际上要使该项误差可以忽略不计,只要简单地降低电源电压,增加放大器增益即可。

二、半导体热敏电阻(semiconductor thermoresistor)

　　半导体热敏电阻一般由一些金属氧化物,如钴、锰、镍等的氧化物,采用不同比例的配方,经高温烧结而成,然后采用不同的封装形式制成珠状、片状、杆状、垫圈状等各种形状。

半导体热敏电阻通常具有比金属更大的电阻温度系数。半导体热敏电阻包括正温度系数（PTC）、负温度系数（NTC）、临界温度系数（CTR）热敏电阻等几类。NTC 热敏电阻具有很高的负电阻温度系数，特别适用于$-100\sim300℃$之间测温。在点温、表面温度、温差、温场等测量中得到日益广泛的应用，同时也广泛地应用在自动控制及电子线路的热补偿线路中。这里主要讨论这种热敏电阻。热敏电阻的优点是电阻温度系数大，灵敏度高，热容量小，响应速度快，而且分辨率高。

热敏电阻的主要参数有：

① 标称电阻值 R，即在环境温度（$25\pm0.2℃$）时测得的电阻值，又称冷电阻；

② 电阻温度系数，即热敏电阻的温度变化 $1℃$ 时电阻值的变化率，通常指温度为 $20℃$ 时的温度系数；

③ 耗散系数 H，指热敏电阻的温度与周围介质的温度相差 $1℃$ 时所耗散的功率；

④ 热容量 C，热敏电阻的温度变化 $1℃$ 所需吸收或释放的热量；

⑤ 能量灵敏度 G，使热敏电阻的阻值变化 1% 所需耗散的功率；

⑥ 时间常数 r，为热容量 C 与耗散系数 H 之比。

(1)电阻温度特性(resistance-temperature characteristic)

NTC 型和 PTC 型半导体热敏电阻随温度变化的典型特性曲线如图 4.9.2 所示。对于负温度系数（NTC）型的热敏电阻，其电阻温度特性经验公式如下：

$$R_T = R_0 e^{B(1/T - 1/T_0)} \tag{4.9.2}$$

式中，R_T——温度 T（绝对温度）时的阻值；

R_0——参考温度 T_0（绝对温度）时的阻值；

B——热敏电阻的材料系数；

T——热力学温度，$T = 273 + t$（t 为摄氏温度）。

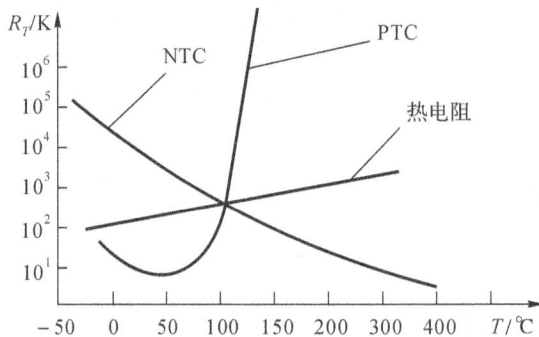

图 4.9.2　NTC 型和 PTC 型半导体热敏电阻典型的电阻温度特性曲线

电阻温度系数：

$$\alpha_T = \frac{1}{R_T} \times \frac{dR_T}{dT} = -\frac{B}{T^2} \tag{4.9.3}$$

(2)热敏电阻伏安特性(voltage-current characteristics of thermistor)

在稳态情况下，通过热电阻的电流与其两端电压之间的关系称为热敏电阻的伏安特性。热敏电阻的电阻伏安特性曲线见图 4.9.3 所示。从图 4.9.3 可见，当流过热敏电阻的电流很小时，不足以使之加热。电阻值只决定于环境温度，伏安特性是直线，遵循欧姆定律,主要用来测温。在低电流时热敏电阻中功耗很小,特性基本上是线性的,这时热敏电阻温度等于环境温度。在大电流时,由于耗散功率的增加,使热敏电阻温度高于环境温度,同时由于其温度系数为负值,故其增量电阻减小。最后,当电流足够大时,增量电阻下降到零(翻转点),然后变为负,在这一区域运用热敏电阻时,必须注意限制电流,防止热损坏。

热敏电阻在不同的外加电压下,电流达到稳定最大值所需的时间不同。热敏电阻受电流加热后,一方面使自身温度升高,另一方面也向周围介质散热,只有在单位时间内从电流得到的能量与向四周介质散发的热量相等,达到热平衡时,才能有相应的平衡温度,即有固定的电阻值。完成这个热平衡过程需要时间,可选择热敏电阻的结构及采取相应的电路来调整这个时间。

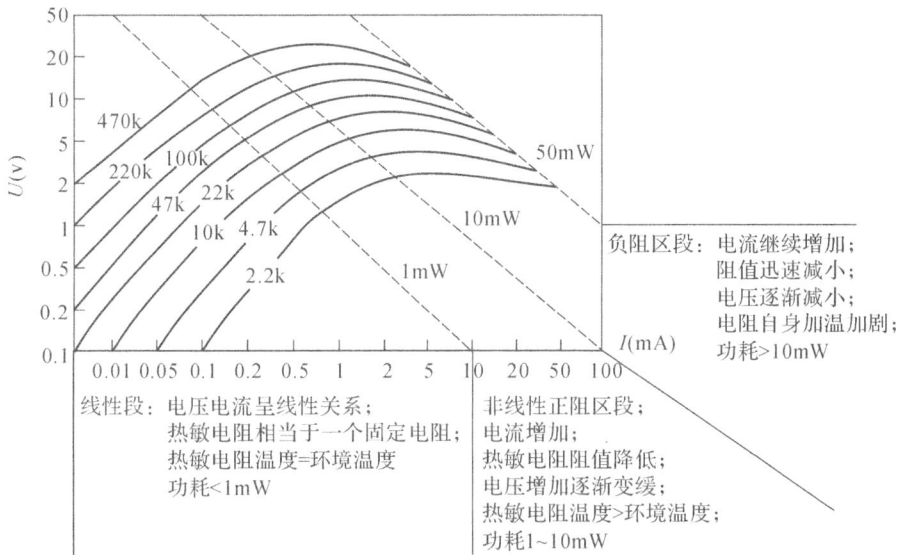

图 4.9.3　热敏电阻的电阻伏安特性曲线

4.9.2　热电偶传感器(thermocouple sensor)

热电偶传感器是工业温度测量中应用最广泛的一种传感器,其优点是:①由于热电偶是直接与被测对象接触,不受中间介质的影响,测量具有较高的精确度。②热电偶测量范围很宽,线性相当高。通常从−50～1600℃均可进行连续测量,某些特殊热电偶,最低可测到−200℃(如镍铬),最高可达 2800℃(短时间内)。③构造简单,使用方便,易加工,材料复制性好,通常热电偶是由两种不同的金属丝组成,而且不受大小和形状的限制,再配上适当的保护管,使用起来非常方便。④性能稳定,不易氧化、变形和腐蚀。⑤响应时间快。其缺点为输出电压小,灵敏度低,并需要一个标准参考温度。

一、热电效应(thermoelectric effect)

两种不同导体 A 和 B 组成闭合回路,如果两结点的温度不同,在回路中就会产生电动势,有电流流过,这种现象称为热电效应或塞贝克效应。这两种导体的组合称为热电偶。如图4.9.4所示,热电偶的两端是将两种导体焊在一起,其中置于被测介质中的一端称为工作端;另一端称为参比端或冷端,处于恒温条件下。当工作端被测介质温度发生变化时,热电势随之发生变化,将热电势送入显示、记录装置或用微机处理,即可得到温度值。工作端温度 T 与参考端温度 T_0 的差距越大,热电偶的输出电动势就越大,因此,可用热电动势衡量温度的大小。

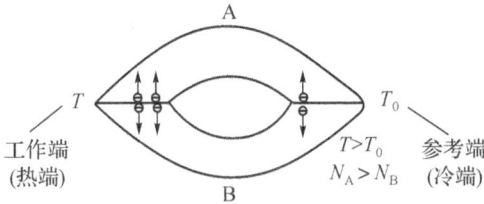

图4.9.4　热电偶热电效应或塞贝克效应的原理示意图

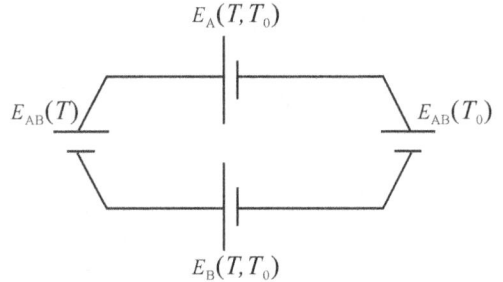

图4.9.5　热电偶回路总的热电动势

二、温度电势(temperature potential)

热电偶产生的温度电势 $E_{AB}(T,T_0)$ 是由两种导体的接触电动势和单一导体的温差电动势组成。其热电势由接触电动势和温差电动势组成。热电偶回路总的热电动势如图4.9.5所示。

(1)接触电动势(contact potential)

接触电动势是由于不同金属的自由电子密度不同,接触时结点处发生电子扩散造成的,当触点处电子扩散达到动态平衡时,产生一个稳定的接触电势。

$$E_{AB}(T)=kT\ln(N_A/N_B)/e \tag{4.9.4}$$

$$E_{AB}(T_0)=kT_0\ln(N_A/N_B)/e \tag{4.9.5}$$

式中,$E_{AB}(T)$——A、B两种材料在温度 T 时的接触电势;

$E_{AB}(T_0)$——A、B两种材料在温度 T_0 时的接触电势;

k——波尔兹曼常数,为 $1.38 \times 10^{-23}\mathrm{J/K}$;

e——电子电荷,为 $1.602 \times 10^{-19}\mathrm{C}$;

N_A、N_B——材料A和B的自由电子密度。

回路总接触电势为

$$E_{AB}(T)-E_{AB}(T_0)=k(T-T_0)\ln(N_A/N_B)/e \tag{4.9.6}$$

(2)温差电动势(temperature difference potential)

对于单一金属A,如果两端温度不同,则在两端也会产生温差电动势。其形成原因是导体高温端的自由电子具有较大动能,向低温端扩散。高温端失去电子带正电,低温端获得电子带负电,其电位差为:

$$E_A(T,T_0)=\int_{T_0}^{T}\delta_A \mathrm{d}T \tag{4.9.7}$$

式中,δ_A——汤姆逊系数。

回路总温差电势为金属 A 和金属 B 的温差电势之差：

$$E_A(T,T_0) - E_B(T,T_0) = \int_{T_0}^{T}(\delta_A - \delta_B)\mathrm{d}T \tag{4.9.8}$$

(3) 回路总的热电动势(total loopthermal EMF)

$$E_{AB}(T,T_0) = E_{AB}(T) - E_{AB}(T_0) - \int_{T_0}^{T}(\delta_A - \delta_B)\mathrm{d}t \tag{4.9.9}$$

4.10　半导体气体传感器(semiconductor gas sensor)

气体传感器是化学传感器的一大门类，种类很多，分类标准不一。按照传感器的气敏材料以及气敏材料与气体相互作用的机理和效应不同，主要可分为半导体气体传感器、固体电解质气体传感器、电化学气体传感器、接触燃烧式气体传感器、光学式气体传感器、表面声波气体传感器等形式。自从半导体金属氧化物陶瓷气体传感器问世以来，半导体气体传感器已经成为当前应用最普遍、最具有实用价值的一类气体传感器。

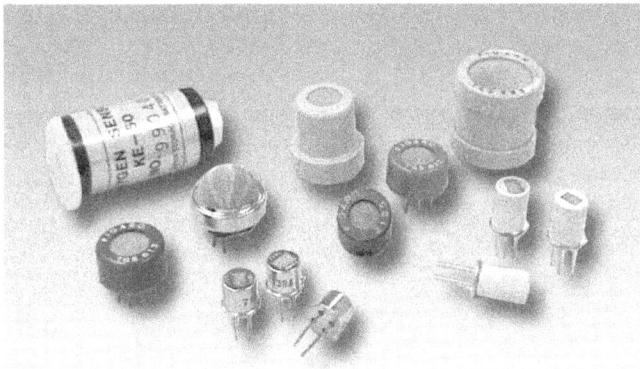

图 4.10.1　金属氧化物气体传感器

电阻式半导体气体传感器主要是指金属氧化物半导体传感器，如图 4.10.1 所示，是一种用金属氧化物薄膜(例如：SnO_2、ZnO、Fe_2O_3、TiO_2 等)制成的阻抗器件，最具代表性的是 SnO_2。半导体气敏传感器是利用气体在半导体表面的氧化和还原反应导致敏感元件阻值变化制成的。当半导体器件被加热到稳定状态，在气体接触半导体表面而吸附时，被吸附的分子首先在物体表面自由扩散，失去运动能量，一部分分子被蒸发掉，另一部分残留分子产热分解而化学吸附在吸附处。当半导体的功函数小于吸附分子的亲和力(气体的吸附和渗透特性)，则吸附分子将从器件夺得电子而变成负离子吸附，半导体表面呈现电荷层。例如氧气等具有负离子吸附倾向的气体被称为氧化型气体或电子接收性气体。如果半导体的功函数大于吸附分子的离解能，吸附分子将向器件释放出电子，而形成正离子吸附。具有正离子吸附倾向的气体有 H_2、CO、碳氢化合物和醇类，它们被称为还原性气体或电子供给性气体。当氧化性气体吸附到 N 型半导体，还原型气体吸附到 P 型半导体上时，将使半导体载流子减少，而使电阻值增大。当还原型气体吸附到 N 型半导

体上,氧化型气体吸附到 P 型半导体上时,则载流子增多,使半导体电阻值下降。图
4.10.2 表示了气体接触 N 型半导体时所产生的器件阻值变化情况。由于空气中的含氧
量大体上是恒定的,器件阻值也相对固定。若气体浓度发生变化,其阻值也会变化。根据
这一特性,可以从阻值变化得知吸附气体的种类和浓度,其原理如图 4.10.3 所示。半导
体气敏响应时间一般不超过 1 分钟。N 型材料有 SnO_2、ZnO、TiO_2 等,P 型材料有
MoO_2、CrO_3 等。

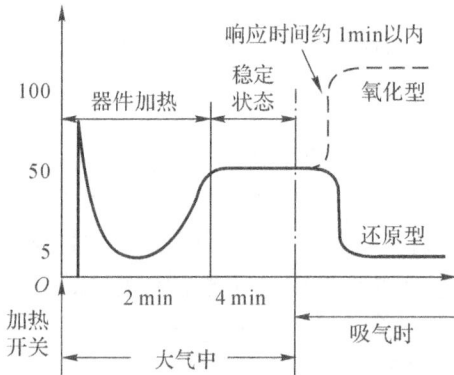

图 4.10.2　N 型半导体吸附气体时器件阻值变化图

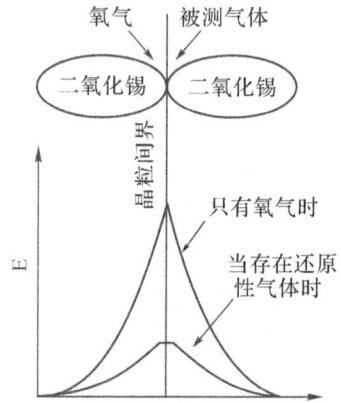

图 4.10.3　半导体气体传感器原理图

　　气敏传感器通常由气敏元件、加热器和封装体等三部分组成。气敏元件从制造工艺
来分有烧结性、薄膜型和厚膜型三类。它们典型结构如图 4.10.4 所示。
　　图 4.10.4(a)为烧结型气敏元件。这类器件以 SnO_2 半导体材料为基底,将铂电极和
加热丝埋入 SnO_2 材料中,用加热、加压、温度为 700℃～900℃的制陶工艺烧结形成。因
此,被称为半导体导瓷,简称半导瓷。半导瓷内的晶粒直径为 $1\mu m$ 左右,晶粒的大小对电

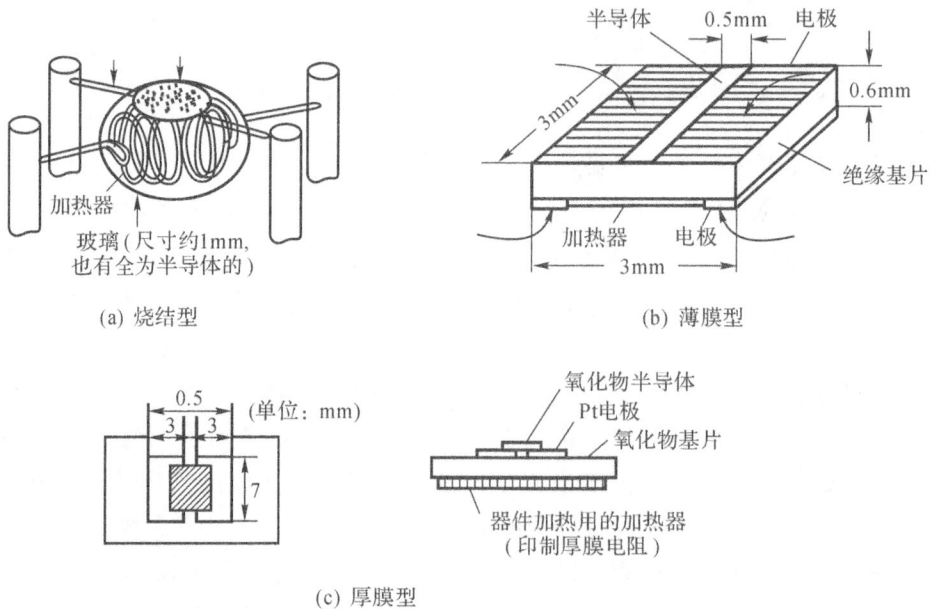

(a) 烧结型　　　　　　　　(b) 薄膜型

(c) 厚膜型

图 4.10.4　半导体传感器的器件结构

阻有一定的影响,但对气体检测灵敏度则无很大的影响。烧结型器件制作方法简单,器件寿命长;但由于烧结不充分,器件机械强度不高,电极材料较贵重,电性能一致性较差,应用受到一定限制。

图 4.10.4(b)为薄膜型器件。采用蒸发或溅射工艺,在石英基片上形成氧化物半导体薄膜(其厚度约在 100nm 以下)。制作方法也很简单。试验证明,SnO_2 半导体薄膜的气敏性好;但这种半导体薄膜为物理性附着,器件间性能差异较大。

图 4.10.4(c)为厚膜型器件。这种器件是将 SnO_2 或 ZnO 等材料与 3%～15%(重量)的硅凝胶混合制成能印刷的厚膜胶,把厚膜胶用丝网印刷到装有铂电极的氧化铝或氧化硅等绝缘基片上,再经 400～800℃温度烧结 1 小时制成。由于这种工艺制成的元件离散度小、机械强度高,适合大批量生产,所以是一种很有前途的器件。

加热器的作用是将附着在敏感元件表面上的尘埃、油雾等烧掉,加速气体的吸附,提高其灵敏度和响应速度。加热器的温度一般控制在 200～400℃。加热方式一般有直热式和旁热式两种,因而形成了直热式和旁热式气敏元件。

直热式结构的气敏传感器的优点是制造工艺简单、成本低、功耗小,可以在高电压回路中使用。它的缺点是热容量小,易受环境气流的影响,测量回路和加热回路间没有隔离而相互影响。国产 QN 型和日本费加罗 TGS109 型气敏传感器均属此类结构。

旁热式结构的气敏传感器克服了直热式结构的缺点,使测量极和加热极分离,而且加热丝不与气敏材料接触,避免了测量回路和加热回路的相互影响;器件热容量大,降低了环境温度对器件加热温度的影响,所以这类结构器件的稳定性、可靠性比直热式的好。国产 QMN5 型和日本费加罗 TGS812,813 型气敏传感器都采用这种结构。

4.11　湿度传感器(humidity sensor)

4.11.1　湿度定义(definition of humidity)

干燥的空气大约由 78%(体积分数)的氮气、21%的氧气和其他 1%的稀有气体等构成。水在蒸发以后变为气态进入空气中,而湿度正是衡量空气中水蒸气含量的参数。干燥的空气湿度值为 0,而当空气吸收了尽可能多的水蒸气时,就处于完全饱和状态。

绝对湿度(absolute humidity,AH)是指空气中水蒸气的含量,标准单位为 g/m^3。在天气预报中最为关心的是相对湿度(relative humidity,RH),表示空气的绝对湿度与同温度下的饱和绝对湿度的比值,是一个百分比:

$$RH = \frac{H_2O \text{ 的含量}(g/m^3)}{\text{饱和状态下 } H_2O \text{ 的含量}(g/m^3)} \tag{4.11.1}$$

由图 4.11.1 可见,湿度是空气温度的非线性函数,对于任何给定的温度,都有一个确定的最大水蒸气含量值,如果再有水蒸气进入,就会达到露点,雨点或雾气就产生了。

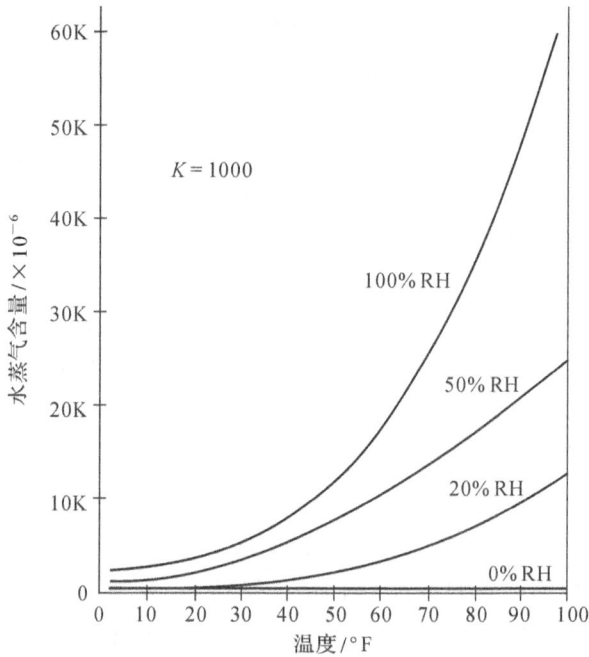

图 4.11.1　三种不同相对湿度下水蒸气含量与温度的关系

4.11.2　湿度检测(test of humidity)

　　绝对湿度通常使用化学湿度计检测。化学湿度计通常包含一系列的 U 型管,里面填充可以吸附水蒸气的干燥物质,在检测之前先称量干燥管的质量,然后将已知体积的空气通过 U 型管,水蒸气就吸附到了干燥物质中。干燥管的质量变化值就是吸附的水蒸气的质量,既然空气的体积是已知的,那么很容易就能计算出绝对湿度值。

　　相对湿度通常使用干湿球湿度计检测,它是利用水蒸发要吸热降温,而蒸发的快慢(即降温的多少)是和当时空气的相对湿度有关这一原理制成的。其构造是用两支温度计,其一在球部用白纱布包好,将纱布另一端浸在水里,由毛细作用使纱布经常保持潮湿,此即湿球;另一置于空气中的温度计,谓之干球(干球测量大气的温度)。如果空气中水蒸气量没有饱和,湿球的表面便不断地蒸发水气,并吸取气化热,因此湿球的温度比干球要低。空气越干燥(即湿度越低),蒸发越快,不断地吸取气化热,使湿球温度降低,而与干球的温差增大。相反,当空气中的水蒸气量呈饱和状态时,水就不再蒸发,也不吸取气化热,湿球和干球所示的温度相等。使用时,应将干湿球湿度计放置于距地面 1.2～1.5 米的高处,读出干湿球的温度差,由该湿度计所附的对照表就可查出当时空气的相对湿度。图 4.11.2 显示了干湿球温度差、干球温度和相对湿度之间的关系。例如,设干球温度是 60℉,干湿球温度差是 15 ℉,可先在图 4.11.2 中干球温度(横轴)找到 60℉,然后在干湿球温度差(纵轴)找到 15 ℉,对应的相对湿度为 20%。

　　图 4.11.3 展示了两种基于干湿球温度计原理的相对湿度传感器。图 4.11.3(a)中的传感器为芝浦(Shibaura)HS-5 型,包含了两个电热调节器(热敏电阻),一个封在密闭的

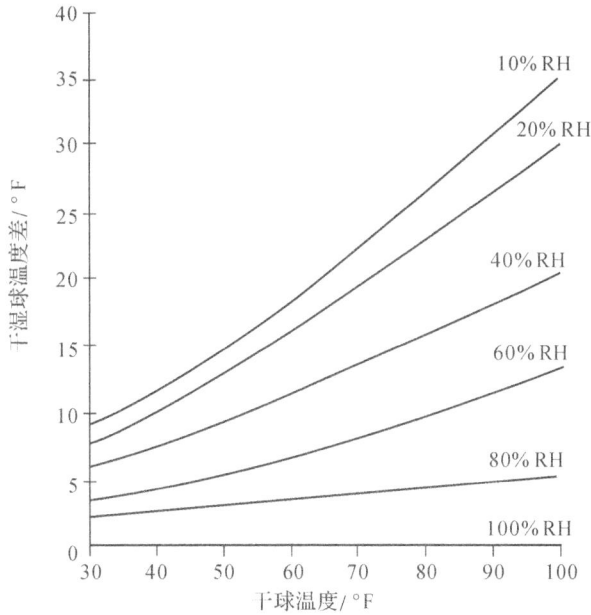

图 4.11.2 不同相对湿度下干球温度和干湿球温度差的关系

腔内,另一个直接接触空气,两者均工作在自加热点附近,因此温度的微小改变就会引起电阻的大幅变化。利用惠斯登电桥原理构建传感器,HS-5 能够输出电压 V_o,从而确定相对湿度。

图 4.11.3(b)为费加罗(Figaro)NH 系列湿度传感器示意图,它包含了一个电热调节器 R_T 和一个特殊的吸附传感电阻元件 R_S。传感元件制作时将一种高聚合体沉积在已经修饰过多孔陶瓷材料的氧化铝基底上,再用多孔铷氧化物(RbO_2)电极覆盖高聚合体。当接触潮湿的空气时,陶瓷/聚合体的电阻值会呈现指数变化(如图 4.11.3(c)所示)。

湿敏元件是最简单的湿度传感器,主要有电阻式、电容式两大类。湿敏电阻一般是在绝缘物上浸渍吸湿性物质,或者通过蒸发、涂覆等工艺制备一层金属、半导体、高分子薄膜和粉末状颗粒而制作的。在湿敏元件的吸湿和脱湿过程中,水分子分解出的离子 H^+ 的传导状态发生变化,从而使元件的电阻率和电阻值随湿度而变化。湿敏电容一般是用高分子薄膜电容制成,常用的高分子材料有聚苯乙烯、聚酰亚胺、酪酸醋酸纤维等。当环境湿度变化时,湿敏电容的介电常数发生变化,使其电容量也发生变化,其电容变化量与相对湿度成正比。

电子式湿敏传感器的准确度可达 2%～3% RH,这比干湿球测湿精度高。湿敏元件的线性度及抗污染性差,在检测环境湿度时,湿敏元件要长期暴露在待测环境中,很容易被污染而影响其测量精度及长期稳定性。这方面没有干湿球测湿方法好。电阻式湿度传感器最适用于湿度控制领域,这种元件具有较高的精度,同时结构简单、价廉,适用于常温常湿的测控。

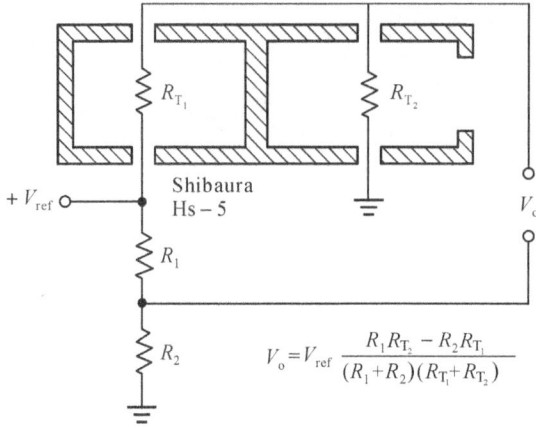

(a) 芝浦 (Shibaura) 电阻型相对湿度传感器

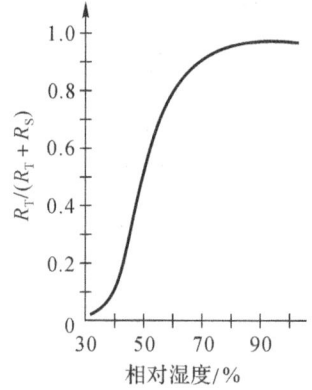

(c) 传感元件的校准曲线

$$V_o = V_{ref} \frac{R_1 R_{T_2} - R_2 R_{T_1}}{(R_1+R_2)(R_{T_1}+R_{T_2})}$$

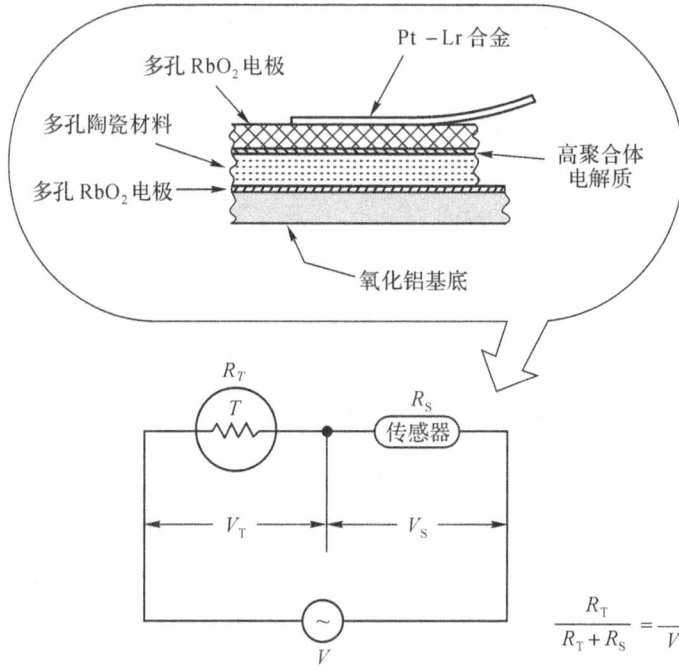

$$\frac{R_T}{R_T + R_S} = \frac{V_T}{V_T + V_S}$$

(b) 费加罗 (Figaro) NH系列湿度传感器传感元件的结构

图 4.11.3　两种基于干湿球温度计原理的相对湿度传感器

4.12　离子传感器(ion sensors)

4.12.1　离子选择性电极(ion selective electrode)

离子选择性电极(ISE)利用特殊的敏感膜对溶液中某种特定离子产生一定的选择响

应,这类电极对特定离子活度的对数成线性关系。离子选择性电极结构如图 4.12.1 所示,敏感膜在被测溶液和内参比溶液之间,在两相界面上进行离子交换和扩散作用,因此产生了相界电位,这个膜外与膜内两个相界电位之差就是膜电位。经过推导,得出:

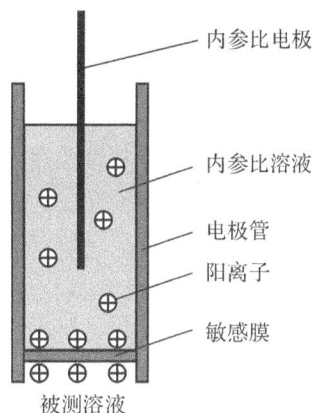

图 4.12.1　离子选择性电极结构图

$$E_{膜} = C_{膜} + \frac{RT}{ZF}\ln(\alpha_I) \qquad (4.12.1)$$

式中,$C_{膜}$——常数;

　　α——离子的活度;

　　I——被测溶液中的离子。

由此看出,膜电位与被测溶液离子活度存在一定关系,离子活度越大,膜电位越高。式中常数包括膜内界面上相界电位以及不对称电位。

当离子选择性电极和外参比电极组成电池时,外参比电极为正极时,离子选择性电极为负极,则电池电极为:

$$E_{电池} = E_{外参} - E_{离子} = E_{外参} - (E_{膜} + E_{内参})$$

$$= (E_{外参} - E_{内参} - C_{膜}) - \frac{RT}{ZF}\ln(\alpha_1) \qquad (4.12.2)$$

测出电池电动势就可以确定被测溶液离子的活度。

离子选择性电极的特性如下:

一、检测极限(detection limit)

根据膜电位能斯特方程可以得到膜电位与被测离子活度对数关系的曲线。由图 4.12.2 中曲线看出,在一定活度范围内(CD 段),膜电位与活度对数成线性关系。当被测离子活度趋向坐标原点时,趋向逐渐弯曲成 EF 段,膜电位不等于零。因此离子选择性电极存在检测极限,此检测极限的确定一般根据 CD 延长线与 EF 延长线相交点对应的离子活度 A 为电极检测极限。

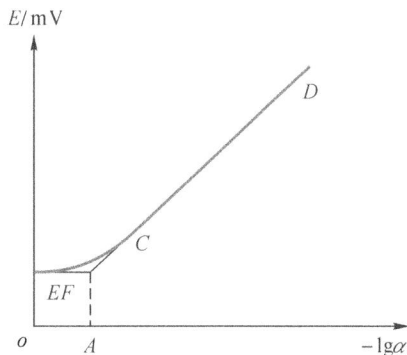

图 4.12.2　电极校正曲线和检测极限

二、电位选择性系数(seletive coeffient of potential)

同一种敏感膜,可以对不同离子有不同程度的响应,因此存在干扰离子问题。电极对各种离子的选择性,应采用电位选择性系数来表示。当存在干扰离子(或叫共存离子)时,膜电位与被测离子和干扰离子的活度之间存在如下关系:

$$E_{膜} = C_{膜} + \frac{RT}{ZF}\ln\left[\alpha_A + \sum K_{AI}^{pot}(\alpha_I)\frac{Z_A}{Z_I}\right](I = B, C, \cdots) \qquad (4.12.3)$$

式中,α_A——被测离子的活度;

$\alpha_B, \alpha_C, \cdots$——干扰离子的活度；

Z_A——被测离子的电荷数；

Z_B, Z_C——干扰离子的电荷数；

K_{AI}^{pot}——干扰离子 X 相对于被测离子 A 的选择性系数；

I——溶液中的离子总称。

由上式看出，K_{AX}^{pot} 数值越小，电极对待测离子 A 的选择性愈好。

电位选择性系数的确定方法主要有两种：

分别溶液法：分别测定被测离子 A 与干扰离子 X 在不同活度时的电位，并画出两条 E 与 $\log\alpha$ 的关系曲线，然后用相等活度法或相等电位法求出电位选择性系数。

混合溶液法：就是将被测离子与干扰离子混合起来，观察电极对它们的混合响应。有固定干扰法和固定活度法两种。

三、阻抗特性（impedance characteristics）

离子选择性电极的直流电阻与电极材料有关，如玻璃膜电极可达几百兆欧，而如晶体膜电极只有数十千欧。

由离子选择性电极－溶液－参比溶液组成的电池，其内阻应为三者电阻之和，但大多数离子选择性电极的电阻比另两者的大的多，因此电池内阻大体可用离子选择性电极电阻表示。测量时，可先测电池两端的电位差 $E_内$，然后再并联一个与电池内阻相近的电阻 R_e，测出两端电压 V，则内阻 $R_内$ 为：

$$R_内 = \frac{E_内 - V}{V} R_e \tag{4.12.4}$$

四、响应时间（response time）

响应时间是指电极达到平衡电位所需要的时间。响应时间与离子电极的种类及被测浓度大小和实验条件有关。一般用实验方法确定响应时间，即在给定条件下得到的响应时间为实际响应时间。其方法是离子选择性电极与参比电极同时接触试液，开始计时，一直计到电池电位稳定在 1 mV 以内。一支好的电极的响应时间常小于 1 秒，有的只有数十毫秒。

4.12.2　玻璃电极（glass electrode）

一、响应机理（response principle）

玻璃电极是一种固体膜电极，是典型的离子选择性电极，其玻璃膜由不同玻璃组分构成，分别对氢、钠、钾等离子敏感。玻璃膜的敏感作用是一种离子交换过程。玻璃膜可分成几个隔开的区域和界面：

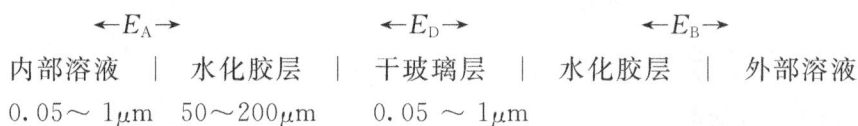

$\leftarrow E_A \rightarrow$		$\leftarrow E_D \rightarrow$		$\leftarrow E_B \rightarrow$
内部溶液	水化胶层	干玻璃层	水化胶层	外部溶液
0.05～1μm	50～200μm	0.05～1μm		

玻璃膜主要厚度是干玻璃层,其两边有很薄的水化层,水化层起到离子交换作用:

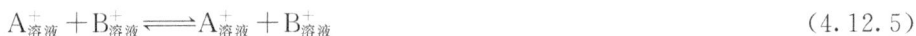

$$A^+_{溶液}+B^+_{溶液} \Longleftrightarrow A^+_{溶液}+B^+_{溶液} \tag{4.12.5}$$

水化层中一价阳离子的扩散系数要比干玻璃大 1000 倍,因此玻璃电极电位是由扩散与相界过程造成的,此电位由如下三部分组成:

E_A 为内部溶液与水化层界面的相界电位,E_D 为玻璃膜扩散电位,E_B 为外部溶液与水化层界面的相界电位。

实验证明,氢离子虽然在溶液与水化层界面起离子交换作用,但氢离子不能穿透玻璃膜。E_D 是一个常数,由于内部溶液离子活度是已知的,故 E_A 电位也是常数。所以玻璃膜电位只取决于 E_B。在 25℃时,

$$E_{膜}=E^+_H+0.059\lg\alpha^+_H=0.059\lg\alpha^+_H \tag{4.12.6}$$

电池电动势为:

$$E_{总}=E_{甘}-E_{膜}=E_{甘}-0.059\lg\alpha^+_H=E_{甘}+0.059\text{pH} \tag{4.12.7}$$

故氢离子的活度为:

$$\text{pH}=\frac{E_{总}-E_{甘}}{0.059} \tag{4.12.8}$$

玻璃电极除能检测氢离子活度以外,还能检测钠离子、钾离子、铵根离子等一价阳离子。电极选择性主要靠玻璃的不同成分。玻璃膜的基本组分是 $Na_2O/Al_2O_3/SiO_2$,这三者比例改变时,可得到各种不同的选择性。钠电极对钾离子有很高的选择性,钾电极对钠离子的选择性较差,锂电极对钠离子的选择性更差,但对钾离子的选择性较好。总之玻璃膜电极的选择性不太理想,在使用中常需借助控制溶液氢离子浓度来提高选择性。此外玻璃膜电极内阻高,局限于一价阳离子测量,目前应用最广泛的是氢离子测量。

二、玻璃电极的结构(structure of glass electrode)

目前玻璃膜电极形状最常用的是球泡形,如图 4.12.3 所示,膜电位有两种引出方法:一种采用内参比电极,此电极为 Ag-AgCl 电极,内参比溶液要有固定的 Cl^- 离子活度,以便使 Ag-AgCl 电极产生恒定的电位。pH 电极常用 0.1mol 浓度的 HCl 溶液,钠电极常用 0.1mol 或 1mol NaCl 溶液,钾电极常用 0.1mol 或 1mol KCl 溶液。

另一种方法是导体直接连接,即在电极成型后使玻璃膜直接与 Hg、Ag 或 AgCl 接触。这种电极比较结实,内阻较高。如广泛应用于重金属离子检测的硫属玻璃膜离子选择性电极,其特点是无需内参比溶液,因而寿命长,可靠性高。

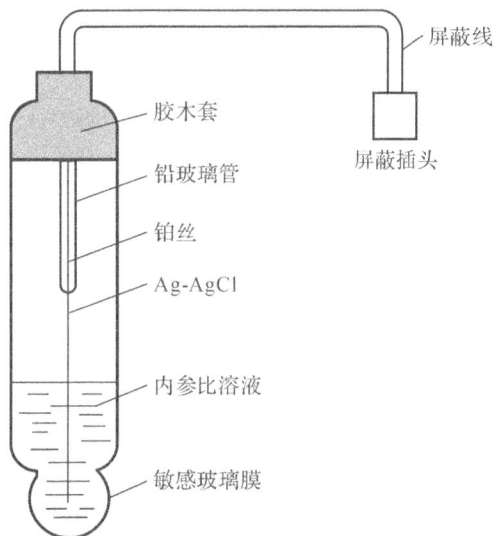

图 4.12.3　球泡型玻璃电极结构

三、玻璃电极的特性(characteristics of glass electrode)

(1) pH 玻璃电极的氢功能(hydrogen function of pH electrode)

所谓 pH 玻璃电极的氢功能,是指 pH 电极电位与能斯特方程的符合程度。一支氢功能好的电极在一定温度下测得的电位正比于氢离子活度,但实际上与公式有偏差,其误差主要是碱误差和酸误差。

图 4.12.4 所示的 pH 电极在很大范围内具有能斯特响应,其灵敏度 $\Delta E/pH$ 为 56～58mV。但是 pH 值高时输出电压偏低,此误差主要取决于电极玻璃膜的组分。当溶液 pH 值低于 1 时,电极功能降低而且平衡时间较长。

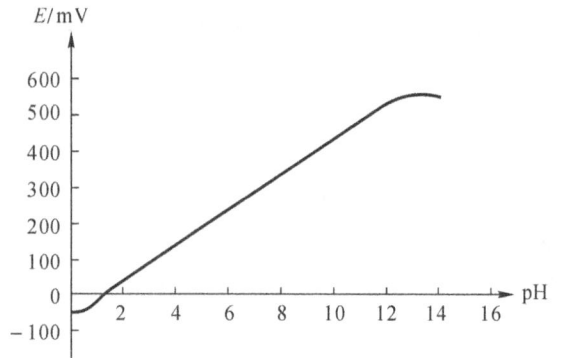

图 4.12.4　pH 玻璃电极特性曲线

(2) 不对称电位(asymmetry potential)

在玻璃敏感膜两边放上组成和浓度相同的溶液,用两只相同的参比电极各插在一边,其电位差理论上应为零,但实际上往往存在一个电位差,称为不对称电位。产生不对称电位的原因是因为玻璃膜内外表面的性质不同,此电位差可通过测量电路加以调节。

(3) 玻璃电极电阻(resistor of glass electrode)

玻璃电极电阻应包括玻璃膜内阻和电极绝缘电阻。对球泡形,其值一般在 1～500MΩ。玻璃膜内阻与玻璃组分、表面性质及温度有关,还与膜厚及面积有关。可以从图 4.12.5 看出,电阻对温度的变化十分敏感。

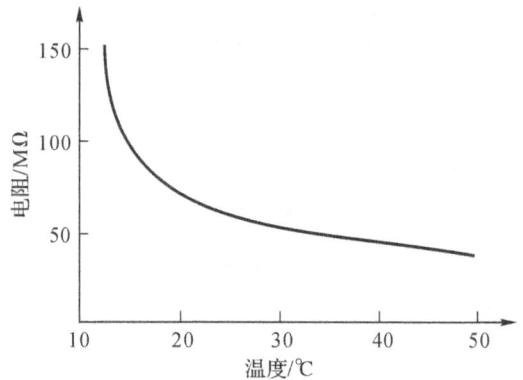

图 4.12.5　电阻温度特性曲线

四、测量电路(measuremet circuit)

由于玻璃电极阻抗很高,因此电位测量电路要求高输入阻抗和小输入电流。目前普遍采用由场效应管和高阻变容器组成的调制型放大器。它不仅具有高输入阻抗和低输入电流,而且具有工作可靠、低噪声、低功耗、尺寸小等优点。

如图 4.12.6 所示,选择性电极和参比电极组成的电池等效电路图。E_x 为测量电池产生的电动势,E_x 为内阻,并与等效电容 C_x 并联,R_i 为后级测量电路输入阻抗,此时

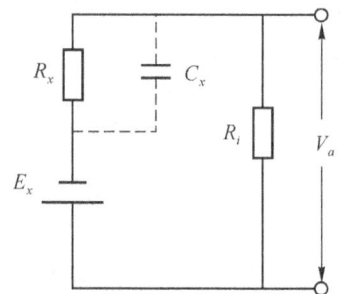

$$V_a = \frac{R_i}{R_i + R_x} E_x \qquad (4.12.9)$$

图 4.12.6　电池等效电路

当 $R_i \gg R_x$,则 $V_a \approx E_x$。

但实际上存在测量误差 N,此误差取决于 R_i 与 R_x 的比值:

$$N = \frac{1}{1+R_i/R_x} \times 100\% \tag{4.12.10}$$

由此式看出,当 $R_i/R_x = 1000$ 时,$N = 0.1\%$,故必须 $R_i \gg R_x$,一般不小于 1000 倍。

4.13　生物酶传感器(biological enzyme sensor)

4.13.1　酶传感器的原理(working principle of enzyme)

酶(enzyme)是能够催化体内特定生物化学反应的多肽类蛋白质。它们能加速某个生化物质,即底物(substrate),反应的速率但在反应过程中不被消耗。图 4.13.1 所示,是酶的催化工作原理。酶在与底物反应的过程中,形成酶底物分子复合物,在适当的条件下,形成所需要的产物分子并最终释放酶。

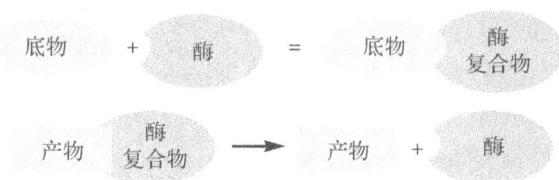

图 4.13.1　酶的工作原理

与化学催化剂相比,酶具有更高的底物专一性,其主要的原因是底物分子与活性位点结合时受到分子大小、立体结构、极性、功能基团及相对键能等因素的限制。基于酶的生物传感器(enzyme based biosensor),其敏感性主要由酶—底物复合物产生过程及接着的转化过程所限制的最大亲和力所决定。此外,在纯化并整合入生物传感器中之后,给予适当的 pH、温度及其他的环境条件,能最大程度的减少酶活性的降低。

酶在反应中具有极高的特异性:例如,酶 X 将特异性的底物 A 而不是 C 转化为特异性的产物 B,而不是 D(如图 4.13.2 所示)。这个高度选择性的反应是酶传感器的基础。酶生物传感器的机理包括:(a)将待检测物转化为可被传感器检测到的产物;(b)检测可作为酶抑制剂(inhibitor)或激活剂(activator)的物质;(c)评价修饰后的酶与待测物反应的特性。酶促反应的相关参数则可以采用米—曼式分析(Michaelis-Menten analysis)进行。

在医学检验与诊断方面,已有多家厂商在销售检测常见血液生化成分的传感器,包括葡萄糖(glucose)、尿素(urea)、乳糖(lactate)及肌酐(creatinine)等。总体说来,酶传感器通过半透膜将待检测物质扩散到固定化的酶组分表面。这类传感器应用过程中遇到的主要问题是许多酶都不稳定,因此需使用包埋等固定化技术以减缓传感器输出性能的退化。

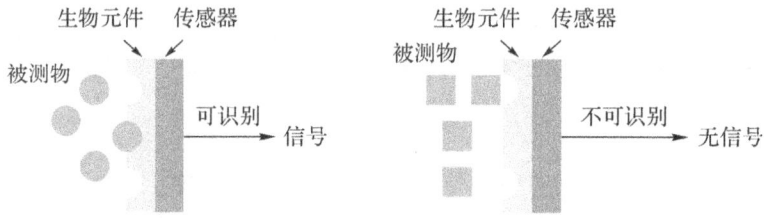

图 4.13.2　酶的特异性是酶传感器的基础

4.13.2　生物酶传感器的应用(application of biological enzyme sensor)

一、Clark 氧电极(Clark oxygen electrode)

商业上最成功的生物传感器是基于安培法的葡萄糖传感器。这类传感器在市场上有许多不同的样式,如葡萄糖测试笔(glucose pens)及葡萄糖显示器(glucose displays)等。历史上最早的葡萄糖生物传感器实验是由 Leland C. Clark 开始的。图 4.13.3 所示,为使用铂(Pt)电极进行氧的检测。

Clark 氧电极是使用最广泛的液相氧传感器,用以测定溶液中溶解氧的含量。其基本结构是由一个阳极和一个阴极电极浸入溶液所构成。氧通过一个通透膜扩散进入电极表面,在阳极减少,并产生一个可测量电流。酶促反应以及微生物呼吸链中的氧化磷酸化(oxidative phosphorylation)使得电子流入氧,并被氧电极所测量。采用一个特氟龙(Teflon)膜将电极部分与反应腔隔离,它可以使氧分子穿透并到达阴极。在那里电解消耗氧,产生的电流电位可以被记录仪所记录。这样,最终便能对反应液中的氧活性进行

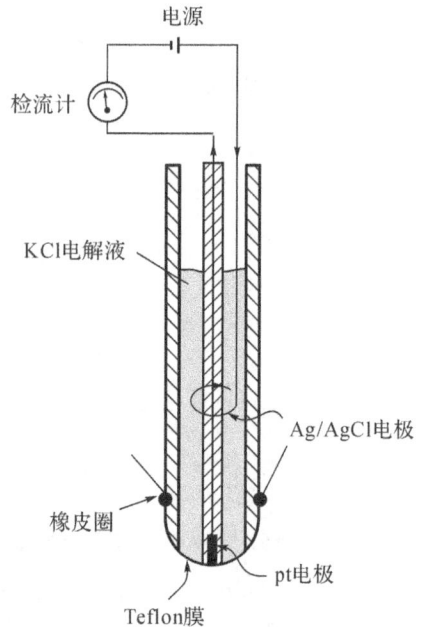

图 4.13.3　Clark 氧电极

测量。同时,要注意采用一个搅拌装置,以确保溶液中的溶解氧通过电极膜的速率。这样,电流与溶液中的氧活性成一定的比例。

Clark 氧电极在免疫传感器、微生物传感器中同样得到了广泛的应用。

二、葡萄糖酶电极传感器(glucose enzyme electrode)

总体来说,葡萄糖传感器基本上由酶膜和 Clark 氧电极或过氧化氢电极组成,如图 4.13.4 所示。在葡萄糖氧化酶(glucose oxidase,GOD)的作用下,葡萄糖发生氧化反应,消耗氧而生成葡萄糖酸内脂和过氧化氢。GOD 被半透膜通过物理吸附的方法固定在靠近铂电极的表面,其活性依赖于其周围的氧浓度。葡萄糖与 GOD 反应,生成两个电子及两个质子,同时还原了 GOD。上述过程可用式 4.13.1 表示:

$$C_6H_{12}O_6+O_2 \xrightarrow{\text{GOD}} C_6H_{10}O_6+H_2O_2 \tag{4.13.1}$$

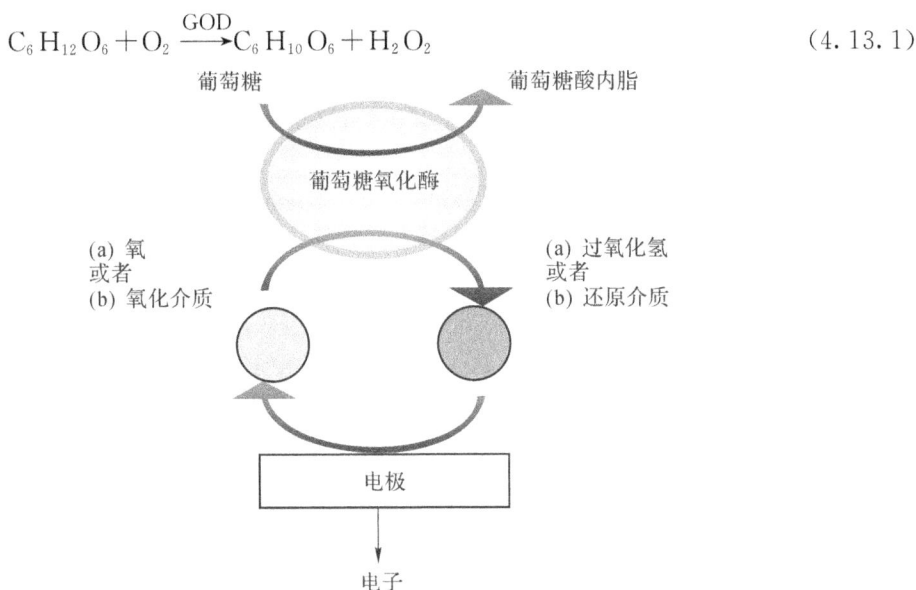

图 4.13.4　酶电极传感器测量葡萄糖

　　被氧及电子质子包围的还原态 GOD 经过反应后生成过氧化氢及氧化态 GOD,GOD 回到最初状态并可与更多的葡萄糖反应。葡萄糖浓度越高,消耗的氧就越多;相对的,较低葡萄糖浓度会导致生成更少的过氧化氢。因此,氧的消耗及过氧化氢的生成均可被铂电极所检测,并可作为测量葡萄糖浓度的方法。

　　通过区分氧电极、过氧化氢电极,以及是否使用电子转移媒介体,可以将葡糖糖酶电极区分为以下几个不同的类型。

　　(1) 氧电极葡萄糖传感器(glucose sensors with oxygen electrode)

　　电流型葡萄糖氧化酶传感器若使用氧电极作为葡萄糖检测换能器,则以铂电极(−0.6V)作为阴极,Ag/AgCl 电极(+0.6V)作为阳极,电极对氧响应产生电流。该类电极称为氧电极葡萄糖传感器。

　　反应式如下:

$$2H^+ + O_2 + 2e^- \longrightarrow H_2O_2 \tag{4.13.2}$$

$$H_2O_2 + 2H^+ + 2e^- \longrightarrow 2H_2O \tag{4.13.3}$$

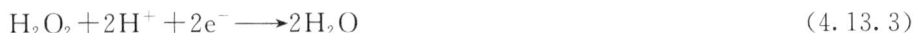

　　由于氧电极传感器的电流响应与氧浓度有关,所以检测过程将受溶解氧的影响,溶解氧的变化可能引起电极响应的波动。由于氧的溶解度有限,当溶解氧贫乏时,响应电流明显下降,从而影响检出限。另外,传感器的响应性能受溶液中 pH 及温度影响较大。

　　(2) 过氧化氢电极葡萄糖传感器(glucose sensors with hydrogen peroxide electrode)

　　电流型葡萄糖氧化酶传感器若反过来使用铂电极(−0.6V)作为阳极,Ag/AgCl 电极(+0.6V)作为阴极,电极就能对过氧化氢响应产生电流,该类电极称为过氧化氢电极葡萄糖传感器。

　　反应式如下:

$$H_2O_2 \longrightarrow H_2O + O_2 + 2e^- \tag{4.13.4}$$

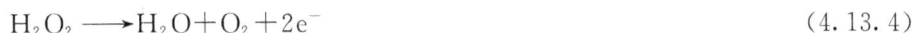

　　过氧化氢电极传感器的最重要的优点是易于制备,即使采用较简单的技术都可能将

其小型化。当电化学活性物质(过氧化氢)和葡萄糖的物质交换是控制步骤时,电流信号是线性的。这可以通过在生物传感器的制备过程中使用各种扩散限制膜来实现。其主要的缺点是这种电极施加的是正电压,会造成检测溶液中其他物质的电氧化,从而干扰检测电流。

(3) 介体型葡萄糖氧化酶传感器(glucose oxidate enzyme sensors with transfer mediator)

介体型葡萄糖氧化酶传感器增加了化学修饰层,扩大了基体电极可测化学物质范围及提高了测定的灵敏度。基体电极经过修饰后,可以看成是一个改进了的信号转换器,这种修饰剂即为电子转移媒介体(mediator,简称介体)。电子媒介体的作用是能促进电子传递过程,加速电极反应,降低工作电位,以排除其他电活性物质的干扰。以二茂铁(ferrocene)及其衍生物为介体的葡萄糖传感器是一个非常成功的方法。

例如电流型酶电极多以分子氧作为生物氧化－还原反应的电子受体,在环境缺氧或氧分压不断变化时对测量不利。利用介体取代 O_2/H_2O_2 在酶反应和电极间进行电子传递的介体酶电极得到了快速的发展。将 GOD 固定在石墨电极上,以水不溶性二茂铁单羧酸为介体,在电极对葡萄糖的响应过程中,二茂铁离子作为 GOD 的氧化剂,并在酶反应与电极过程间迅速传递电子。介体酶电极仅用较低工作电压(0.22V)即可使介体氧化,有利于减少其他较低氧化－还原电势物质的干扰;由于二茂铁离子不与氧反应,故传感器对氧不敏感,可在缺氧或氧浓度易变的场合下使用;二茂铁离子与还原的 GOD 之间的电子传递快,因而电极响应快;二茂铁衍生物为水不溶性物质,可直接限制在电极表面,不必将介体投放到样品溶液中。缺点是介体电极稳定性尚不及其他酶电极,因此应用中常作为一次性传感器使用。利用介体酶电极原理已成功制作出一种笔形血糖仪,其长为13.5cm,直径为0.9cm,重30g,血糖测定范围在 $2.2 \sim 2.5$ mmol/L。

(4) 直接电催化葡萄糖传感器(direct electrochemical glucose sensors)

该类传感器是指酶在电极上的直接电催化。

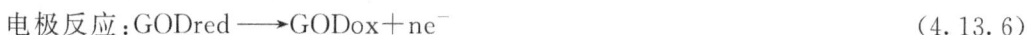

$$\text{酶反应:GODox} + \text{glucos e} + H_2O \longrightarrow \text{gluconolacton} + \text{GODred} \tag{4.13.5}$$

$$\text{电极反应:GODred} \longrightarrow \text{GODox} + ne^- \tag{4.13.6}$$

由于分子结构的原因,使得酶与常规电极之间的直接电子传递较为困难。对于分子量较小的酶(如过氧化物酶),直接电子传递能够进行,但是电子传递速率慢,而对于像 GOD 这样分子量较大的酶,这种直接电子传递很难发生。但是,如果选择合适的接合试剂,将酶共价键合到化学修饰电极上,或将酶固定到多孔电聚合物修饰电极上,使酶氧化还原活性中心与电极接近,直接电子传递就相对能容易进行,以便实现酶的直接电化学检测。

4.13.3　测量原理与电路(measurement principle and circuits)

在偏置电压的作用下,葡萄糖氧化酶与血液中葡萄糖反应时将会引起电极上的电子传递,从而产生 μA 级的微弱电流。而此电流与葡萄糖浓度存在一定的对应关系。因此,通过检测电极反应电流可以获取血糖浓度。

血糖仪中采用电流放大器把血糖和葡萄糖氧化酶反应所产生的微电流进行放大至可

供检测的电压,其具体的原理如下图所示。

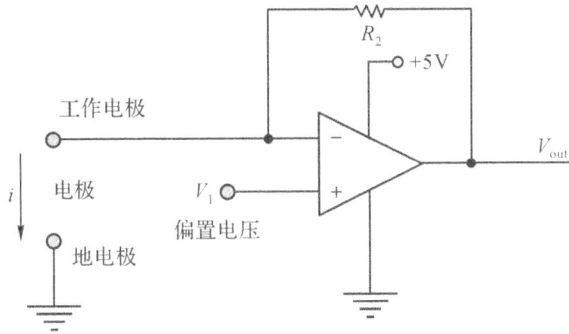

图 4.13.5　电流放大器

如图 4.13.5 所示,i 为血糖与葡萄糖氧化酶在偏压作用下所产生的微电流,输出端的电压 V_{out} 可以被测量,则葡萄糖传感器的工作微电流为 $i = (V_{out} - V_1)/R_2$。

4.14　电化学传感器(electrochemical sensors)

4.14.1　电化学测量系统(measurement system of electrochemistry)

在化学量传感器中,电化学传感器是很重要的一类,它利用在电极—介质界面上进行的电化学反应,将被检测介质的化学量转变为电信号。其基本测量系统(如图 4.14.1 所示)由三部分组成:电解质溶液、电极(至少两个)和测量电路,其中电解质溶液是被测对象,是离子导体。

电极是电化学传感器最主要的敏感器件,它由金属或其他材料制成,是进行电化学反应的地方。在电极—介质界面上,一方面通过溶液离子运动进行电荷传输,一方面通过电极的测量电路进行电子导电,这两方面可以看成是能量转换过程。由于把被测离子浓度转换成了电信号,因此构成电化学传感器。

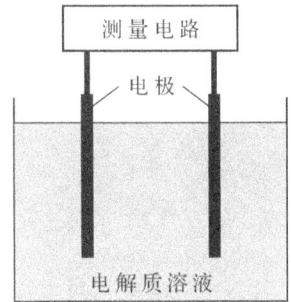

图 4.14.1　电化学传感器的基本测量系统

下面介绍三种常见的电化学测量系统。

一、原电池测量电路(measurement circuit of primary cell)

当化学池为原电池时,测量电极电位。如图 4.14.2 所示,将开关 K 接上标准电池 E_s,电位器触点在 D 点位置,调节可变电阻器 R,使 $U_{AD} = E_s$,此时检流计 G 指零。当开关 K 接上电极时,由于电化学反应产生的电势 E_x 不等于 E_s,因此通过移动电位器触点 D 到 D′,再次使检流计 G 指零,此时 $E_x = AD' \cdot E_s/AD$。由于电极间电阻很高,因此要采用高输入阻抗检流计或其他阻抗变换电路。

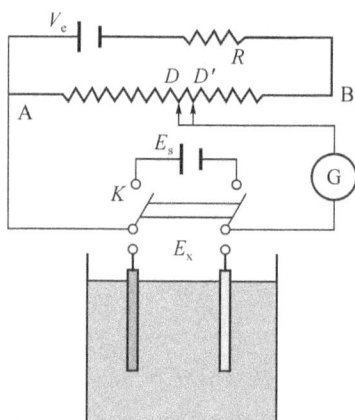

图 4.14.2　原电池基本测量系统

二、电解池测量电路(measurement circuit of electrolytic cell)

当化学池是电解池时,是在外加电源的情况下产生电化学反应,并有电流通过。图 4.14.3 为电解池基本测量系统,V_e 为电源,提供能量,在电池内产生电极反应。此时阳极产生氧化反应,称为氧化极,而阴极产生还原反应,称为还原极。

三、电导池测量电路(measuring circuit of conductivity cell)

由于被测溶液是离子导体,因此可以通过测量当量电导的方法测出溶液离子浓度。图 4.14.4 为电导池基本测量系统。它是惠斯登平衡电桥,两电极放置在被测溶液中,两电极之间的阻抗 Z_x 作为桥路的一臂。为了清除极化现象,电源采用交流供电,通过调节电位器 R 的触点 B,使桥路输出为零,此时 B 点的位置表示输出大小。

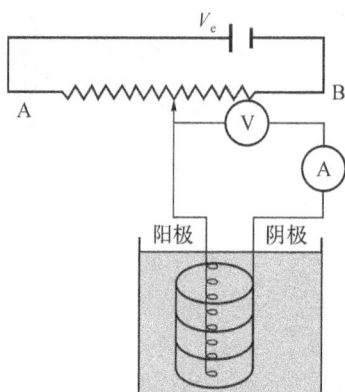

图 4.14.3　电解池基本测量系统

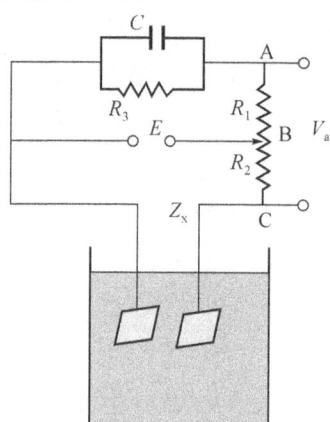

图 4.14.4　电导池基本测量系统

4.14.2　基本概念(basic concept)

所谓电解质溶液,是指水溶液含有酸、碱、盐物质,在溶液中产生正负离子,成为离子

导体,此类物质称为电解质。电解质溶液的性质主要有:

一、溶液电导率(solution conductivity)

溶液电导不仅与电极面积大小、电极间之间的距离有关,而且与电解质浓度有关,因此电导率还不能完全表示各种溶液的导电特性,必须在电导率概念中引入浓度关系,提出当量之间所具有的电导。其定义是把 1 克当量电解质全部溶液置于间距为 $1cm$ 的两块面积足够大的平行电极之间所具有的电导。公式为

$$\lambda = Vk \tag{4.14.1}$$

式中,V——含有 1 克当量溶质的溶液体积。

设 c 为 1000mL 溶液中溶质的克当量数,则含 1 克当量溶质的体积为:

$$V = 1000/c \tag{4.14.2}$$

联立两式,得电导 G 为

$$G = k\frac{A}{l} = \frac{\lambda}{V}\frac{A}{l} = \frac{\lambda A}{1000l}c = Kc \tag{4.14.3}$$

式中,$\frac{A}{l}$——电导池常数;k——电导率;K——系数。

由图 4.14.5 看出电解质按其导电能力大小有强电解质和弱电解质。这些电解质的电导率开始随浓度的增加而增大,当强电解质溶液浓度超过某一数值时,电导率反而减小,这是由于溶液正负离子随浓度增大而增加了引力,从而限制了离子运动,影响其导电能力。弱电解质此现象并不显著。此外,溶液电导还是温度的函数。

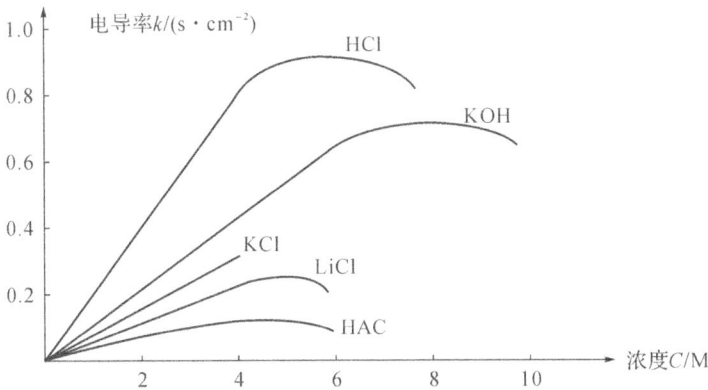

图 4.14.5　溶液电导率与浓度的关系

二、电离常数(ionization constant)

在弱电解质溶液中,未电离的分子与电离后生成的离子之间存在动态平衡,称为电离平衡,这是一个可逆过程,服从质量作用定律。为了表达平衡时的电离程度,引入电离度概念,即平衡时已电离的溶质分子数与溶质分子总数之比,用 α 表示。电离常数 K 是表示电解质电离能力大小的一个主要参数。

假设[BA]类型的电解质在溶液中电离成 A^- 和 B^+ 离子,在平衡时有

$$BA \rightarrow B^+ + A^- \tag{4.14.4}$$

设[BA]表示平衡时未电离的分子浓度,[A⁻]和[B⁺]表示平衡时 A－和 B＋离子的浓度,由质量作用定律可求出电离常数为

$$K=\frac{[A^-][B^+]}{[BA]}\tag{4.14.5}$$

K 值越大,达到平衡时的离子浓度也越大,也就是电解质电离数目增多。它与电离度 α 的关系为

$$K=\frac{(c\alpha)^2}{c(1-\alpha)}=\frac{c\alpha^2}{(1-\alpha)}\tag{4.14.6}$$

式中,c——[BA]的摩尔浓度。

三、活度和活度系数(activity and activity coefficient)

在电解质溶液中,由于离子之间以及离子与溶剂分子之间的相互作用,溶液中的浓度并不能代表"有效浓度",为此引用活度这个概念表示电解质溶液中的有效浓度。当溶液无限稀释时,离子活度就是其浓度。在溶液中正负离子总是同时存在,因此在电解质溶液中单个离子活度无法测出,而只能测出两种离子的平均活度。

活度 α 与浓度 c 的关系可用下式确定:

$$\alpha=\gamma c\tag{4.14.7}$$

式中,γ——活度系数,γ 大小表示电解质溶液浓度与有效浓度的偏差程度,只有溶液无限稀释时,活度才与浓度相等,此时 $\gamma=1$。

四、电极电位的产生(generating electrode potential)

(1)界面反应(interface reacton)

当金属浸没在电解质溶液中时,将在固相(电极)－液相(电解质溶液)界面上产生反应。如将锌电极浸没在一定浓度的硫酸锌水溶液中,在单位时间内,一定数量的锌离子由金属迁向溶液,同时也有一定数量的锌离子由溶液迁向金属。若固相锌离子化学势大于液相中锌离子化学势,那么固相中的锌离子便离开晶格,水化进入溶液成为液相的锌离子。这时在电极上电子过剩带负电,溶液锌离子过剩带正电,因此在两相之间形成一个双电层,产生一个电势差,进一步阻止锌离子迁移,平衡后将在界面上建立一个很窄的电势差区域,此电势差就称为平衡相界电势或平衡电极电势。如图 4.14.6 所示,这个反应的电子界面迁移很小,故一般可以忽略。但是对于惰性电极,则是电子交换反应明显。电极和溶液之间的电位大小和符号取决于电极种类以及溶液中金属离子的浓度。

(2)界面电位分布(interface potential distribution)

由于离子热运动和静电力的共同作用,当电极是良导体时,电极剩余电荷总是贴紧在电极与溶液界面上,而溶液中的剩余电荷却不均匀分布,如图 4.14.7 所示,形成双电层。它包括两部分,第一部分是与电极紧密相连的紧密层 d,其厚度为水化层离子半径,其电位为电极电势 E 与扩散层电势 ψ 之差,即图示的 $E-\psi$,第二部分是扩散层,此电位亦称液相中的电势差,记为 ψ,它按指数规律变化。

应该指出,扩散层电势 ψ 的大小和符号对电极反应有明显影响,它与溶液性质、离子

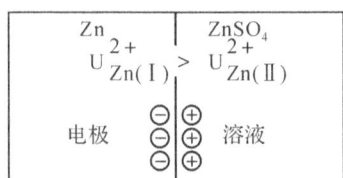

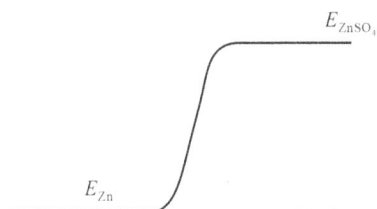

图 4.14.6　电极与溶液界面电势关系

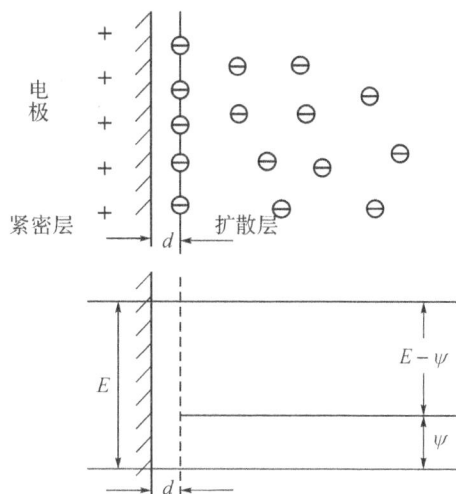

图 4.14.7　电极与溶液界面电势分布

浓度以及表面活性物质吸附等有关。

(3)电极电位与能斯特方程(electrode potential and the Nernst equation)

电极产生的电位用单个电极是无法测量出这个电位的绝对值的,必须与另一电极(参比电极)组成一个化学电池,先测量出两电极之间的电位差。若参比电极电位可以确定为零,则被测电极电位便可确定。在标准状态下参加反应的各物质活度为1,如果有气体参加反应,其分压为1个大气压。那么在25℃时相对标准氢电极得到的电位差即为该电极的标准电极电位为 E^0。

实际应用状态往往不是标准状态,由于溶液离子活度不同,电极电位将偏离标准电极电位,因此需要能斯特方程确定电极电位。

设一电极反应为可逆电极反应:

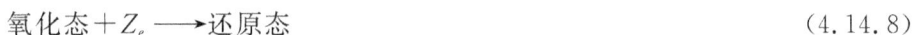

$$氧化态 + Z_e \longrightarrow 还原态 \tag{4.14.8}$$

则能斯特方程表达的电极电位为

$$E = E^0 + \frac{RT}{ZF}\ln\frac{\alpha_{还原态}}{\alpha_{氧化态}} \tag{4.14.9}$$

式中,E^0——相对于标准氢电极的标准电位;

R——气体常数;

F——法拉第常数;

Z——参加电极反应的电子转移数;

T——绝对温度。

五、电化学电池的电动势(electrochemical cell EMF)

图 4.14.8 为丹尼尔电池工作图,左边为锌电极(负极),右边为铜电极(正极),整个电极反应为

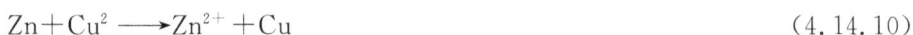

$$Zn + Cu^2 \longrightarrow Zn^{2+} + Cu \tag{4.14.10}$$

电池表示方法为:

$$- Zn \mid ZnSO_4 \parallel CuSO_4 \mid Cu+$$

(4.14.11)

符号"|"表示两相边界,"||"表示盐桥,整个电池电动势为

$$E = E_1 + E_{液接} - E_2 \qquad (4.14.12)$$

式中,E_1——铜电极电位;

　　E_2——锌电极电位;

　　$E_{液接}$——两种溶液的液接电位。

多孔隔膜的作用是隔离两种溶液,使两溶液不混合

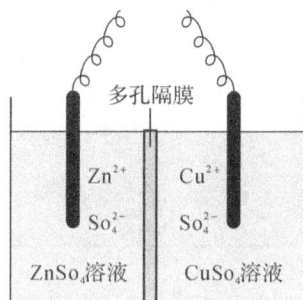

图 4.14.8　丹尼尔电池结构

但又允许离子通过。若两边离子迁移率相同,则液接电位为零。

$$E = E_1 - E_2 = \left(E_{Cu}^0 + \frac{RT}{ZF}\ln\frac{\alpha_{Cu^{2+}}}{\alpha_{Cu}}\right) - \left(E_{Zn}^0 + \frac{RT}{ZF}\ln\frac{\alpha_{Zn^{2+}}}{\alpha_{Zn}}\right) \qquad (4.14.13)$$

对一般化学反应:

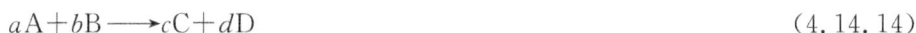

$$aA + bB \longrightarrow cC + dD \qquad (4.14.14)$$

$$E = E^0 - \frac{RT}{ZF}\ln\frac{\alpha_c \alpha_d}{\alpha_a \alpha_b} \qquad (4.14.15)$$

六、液接电位和盐桥(liquid junction potential and the salt bridge)

液接电位就是隔膜两边溶液离子不断的越过界面向另一面扩散而形成的。由于各离子扩散速度不一样,因而在界面上产生相反电荷,即存在液接电位。

液接电位的主要成因有:

(1)同一溶液而浓度不同(different concentration in the same solution)

如图 4.14.9 所示,此时高浓度的溶液向低浓度的溶液扩散,因为氢离子与氯离子淌度(即单位梯度下正负离子的移动速度)不同,移动快的氢离子在右边的累计量大于移动慢的氯离子,因此右边呈正电荷;而左边则剩余氯离子,呈负电荷。当两边出现正负电位时,氢离子移动速度减慢而氯离子移动速度加快,最后两边电荷量达到一定值,处于平衡状态。此时液接电位可用下式表示:

$$E = -\frac{RT}{ZF}\frac{U_+ + U_-}{U_+ - U_-}\ln\frac{C_1}{C_2} \qquad (4.14.16)$$

式中,C_1、C_2——同一溶液的不同浓度;

　　U_+、U_-——阳离子和阴离子的淌度。

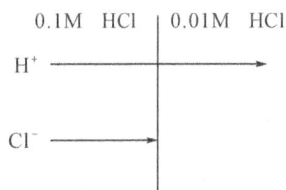

图 4.14.9　液接界面的离子扩散(一)

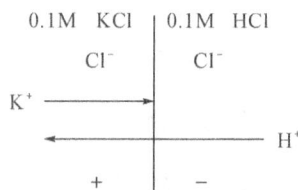

图 4.14.10　液接界面的离子扩散(二)

（2）浓度相同而电解质不同（different electrolyte in the same corcentration）

如图 4.14.10 所示，浓度相同而电解质溶液不同，但有一共同离子。由于两边电解质浓度相同，氯离子可认为不扩散，而氢离子向左扩散，钾离子向右扩散，但氢离子扩散速度比钾离子快，故界面左边带正电荷，右边带负电荷。

实验表明液接电位在 0.3V 左右，为了减小此电位，通常在两溶液之间插入一个盐桥，如图 4.14.11 所示。此盐桥一般采用饱和氯化钾溶液。由于盐桥浓度很高，因此盐桥溶液的离子向两边溶液扩散。又因为盐桥溶液的钾离子和氯离子运动速度差不多，所以液接电位很小，只有几个毫伏，而且在两个新界面上产生的液接电位大小相同而方向相反，可以相互抵消。所以采用盐桥可以使液接电位很小。对盐桥溶液的要求是：正负离子运动速度大体相同，浓度较高，不能与电池中的溶液起反应。

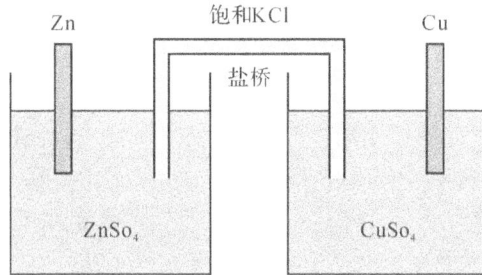

图 4.14.11　盐桥工作原理

4.14.3　电极分类（electrode classification）

一、指示电极（indicator electrode）

指示电极是用来指示电极表面待测离子的活度，在测量过程中溶液本体浓度不发生变化的体系的电极。如电位测量的电极，测量回路中电流几乎为零，电极反应基本上不进行，溶液本体浓度几乎不变。常用的指示电极有离子选择性电极、气敏电极和生物电极等。

二、工作电极（working electrode）

工作电极是用来发生所需要的电化学反应或响应激发信号，在测量过程中溶液本体浓度发生变化的体系的电极。常用的工作电极有悬汞电极、汞膜电极、玻碳电极、石墨电极和一些金属电极如金电极、铂电极、铜电极等。

三、参比电极（reference electrode）

参比电极是用来提供标准电位，电位不随测量体系的组分及浓度变化而变化的电极。这种电极必须有较好的可逆性、重现性和稳定性，电极不极化，内阻小，液接电位小。常用的参比电极有标准氢电极、甘汞电极、银－氯化银电极，尤以甘汞电极使用得最多。

图 4.14.12、图 4.14.13、图 4.14.14 是常用的三种参比电极结构图。参比电极在具

体应用中有三种形式：与其他电极组成无液接电池；可与离子选择性电极组成有液接电池；作为离子选择性电极的内参比电极。

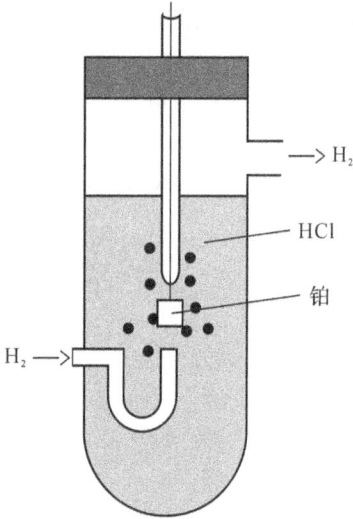

图 4.14.12　标准氢电极结构

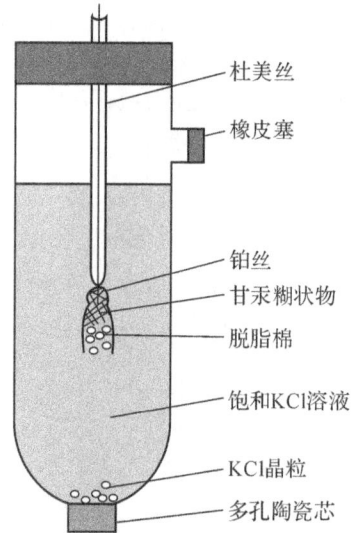

图 4.14.13　标准甘汞电极结构

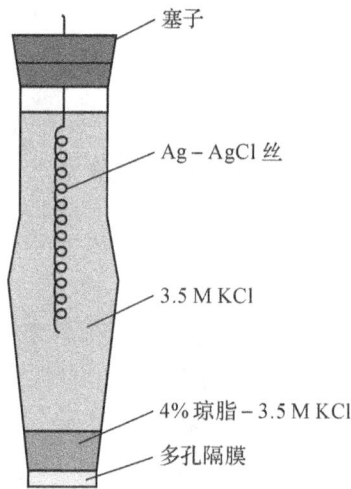

图 4.14.14　标准银－氯化银电极结构

四、辅助电极(auxiliary electrode)

在电化学分析或研究工作中，常常使用三电极系统，除了工作电极，参比电极外，还需第三支电极，此电极所发生的电化学反应并非测示或研究所需要的，电极仅作为电子传递的场所以便和工作电极组成电流回路，这种电极称为辅助电极或对电极。最常用的辅助电极为铂电极。

下篇

生物医学传感与检测实验

The experiments of biomedical sensors and measurement

实验一
电阻应变式传感器性能测试及其应用

The performance test and application of resistance strain sensors

(一)实验目的(experiment purpose)

①观察了解金属箔式应变片的结构和粘贴方式。

②测试悬臂梁变形的应变输出。

③比较各种桥路的输出之间的关系。

④比较半导体应变片与金属箔式应变片的灵敏度特性和温度漂移特性。

⑤掌握利用 NI myDAQ 虚拟仪器教学套件进行实验数据采集和分析处理。

(二)实验原理(experiment principle)

应变片是一种将试件上的应变变化转换成电阻变化的传感元件。

应用应变片测试时,将应变片用粘合剂牢固地粘贴在测试件表面上。当试件受力变形时,应变片的敏感栅也随之变形,电阻也发生相应的变化,通过测量电路将其转换为电压或电流的变化。电桥电路是把被测量转换成为电压或电流量的一种常用方法。

(1)金属应变片(metal strain gauge)

金属应变片的结构如图 1.1 所示,图 1.2 是金属电阻丝应变效应原理图。

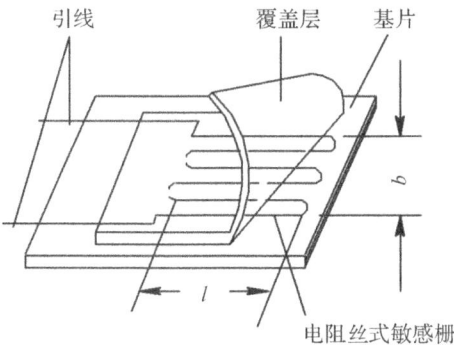

图 1.1　金属应变片的结构

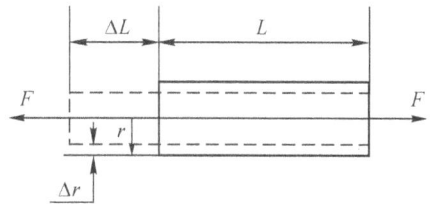

图 1.2　金属电阻丝应变效应原理

金属电阻丝应变效应:

$$R = \frac{\rho L}{S}$$

施加力 F 后　$\dfrac{\Delta R}{R} = \dfrac{\Delta L}{L} - \dfrac{\Delta S}{S} + \dfrac{\Delta \rho}{\rho}$

令应变 $\qquad \varepsilon = \dfrac{\Delta L}{L}$

$$\frac{\Delta S}{S} \approx 2\,\frac{\Delta r}{r}$$

其中 $\qquad \dfrac{\Delta r}{r} = -\mu\,\dfrac{\Delta L}{L} = -\mu\varepsilon$

综上所得 $\qquad \dfrac{\Delta R}{R} = (1+2\mu)\varepsilon + \dfrac{\Delta \rho}{\rho}$

令 $\quad K = (1+2\mu) + \dfrac{\Delta\rho/\rho}{\varepsilon}$，则 $K = \dfrac{\Delta R}{R}\Big/\varepsilon$，即为电阻丝的灵敏度系数。

金属应变片的优点：

① 精度高,测量范围广;

② 频率响应特性较好;

③ 结构简单,尺寸小,重量轻;

④ 可在高低温、高速、高压、强烈振动、强磁场及核辐射和化学腐蚀等恶劣条件下正常工作;

⑤ 易于实现小型化、固态化;

⑥ 价格低廉,品种多样,便于选择。

金属应变片的缺点：

① 非线性,输出信号微弱,抗干扰能力较差,因此信号线需要采取屏蔽措施;

② 只能测量一点或应变栅范围内的平均应变,不能显示应力场中应力梯度的变化等;

③ 不能用于过高温度场合下的测量。

(2)半导体应变片(semiconductor strain gauge)

半导体应变片的结构如图 1.3 所示。

半导体应变片由半导体材料制成,工作原理基于半导体材料的压阻效应,所以又称压阻式传感器。半导体材料的压阻效应是指半导体材料当某一轴向受外力作用时,其电阻率发生变化的现象。

已知 $\qquad \dfrac{\Delta R}{R} = (1+2\mu)\varepsilon + \dfrac{\Delta \rho}{\rho}$

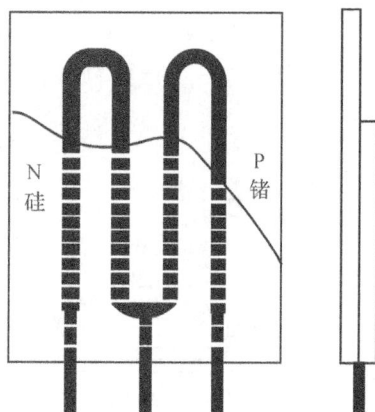

对于半导体材料有 $\dfrac{\Delta \rho}{\rho} = \pi\sigma = \pi E\varepsilon$

式中,π——半导体材料的压阻系数;

σ——应力;

ε——应变;

E——弹性模量。

图 1.3 半导体应变片的结构

则 $\qquad \dfrac{\Delta R}{R} = (1+2\mu+\pi E)\varepsilon$

对于半导体材料,πE 比 $1+2\mu$ 大上百倍,所以 $1+2\mu$ 可以忽略,所以

半导体应变片的灵敏度系数为

$$K_s = \frac{\Delta R/R}{\varepsilon} = \pi E$$

半导体应变片的优点：灵敏度高（比金属丝高 50～80 倍），尺寸小，横向效应小，动态响应好。但它有温度系数大，非线性比较严重等缺点。

（三）实验器材（experiment equipment）

直流稳压电源、数字电压表、金属箔式应变片（4 片，位于双孔称重悬臂梁上）、半导体应变片（2 片，位于双平行式悬臂梁上）、精密电阻、双孔称重悬臂梁、双平行式悬臂梁、差动放大器、低通滤波器、法码，可变电阻 W_D，NI myDAQ 虚拟仪器教学套件。

实验结构图如图 1.4 所示。

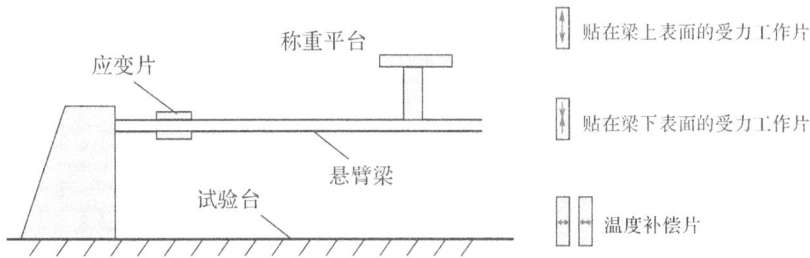

图 1.4　实验结构

精密电阻、电位器等见图 1.5。

图 1.5 中虚线所示的四个电阻并不存在，只是为做实验时接桥路提供方便。

图中：$R_1 = R_2 = R_3 = 350\Omega$ 为精密电阻；②④⑤组成可调电位器 W_D；④⑤⑦或④⑤⑥组成 W_A 可调电位器。

（四）实验步骤（experiment procedure）

（1）金属箔式应变片实验（metal foil strain gauge experiments）
①单臂电桥

a. 开启仪器总电源，预热数分钟，将差动放大器调零。（差动放大器＋、一输入端接地，调节差动放大器的"调零"旋钮，使输出为零）。

b. 根据图 1.5 和图 1.6 接线。

c. 双孔称重悬臂梁的称重平台上不放法码，使梁处于水平位置（自由状态）。

d. 调节 W_D 使电路输出为零。通过调节差动放大器增益，调整量程。注意：在单臂、半桥和全桥实验中，放大器的增益要保持一致，不能改变；为了避免在以后的全桥测量时放大器输出饱和，放大器的增益不要调得过大。

e. 在称重平台上逐个放上法码，每放一个法码，用数字电压表读取一个数值。根据所得数据列表，作出 U（输出电压）—X（砝码重量）关系曲线，计算灵敏度 S。

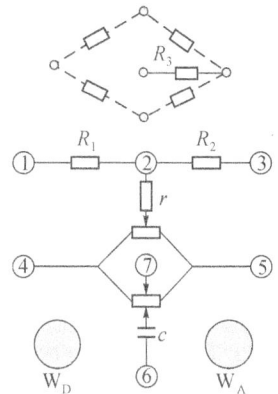

图 1.5　实验仪面板

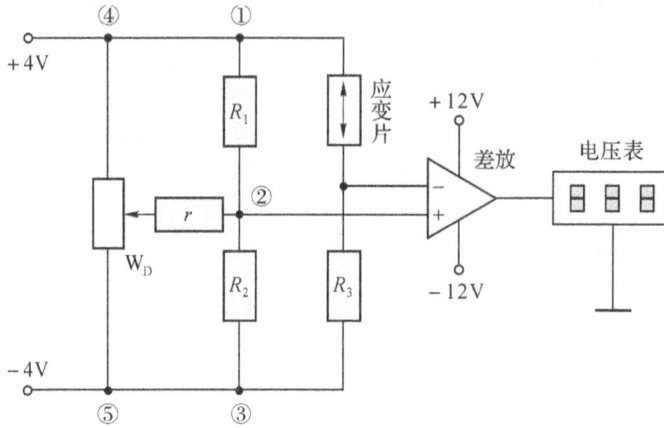

图 1.6　单臂电桥接线

$$S = \Delta U / \Delta X$$

式中，ΔU——电压变化值；

　　ΔX——相应的砝码重量变化量（每个砝码的重量设定为 1）。

保持放大器增益不变继续以下实验：

②半桥测量

画出半桥接线图，标明应变片的工作状态，按图接线。重复单臂电桥实验步骤，整理数据，作出 $U\text{-}X$ 曲线。

③全桥测量

画出全桥接线图，并按图接线。重复单臂电桥实验步骤，整理数据，作出 $U\text{-}X$ 曲线。

(2)半导体应变片灵敏度特性测试（sensitivity test of semiconductor strain gauge）

针对半导体应变片，试验方法与上述金属箔式应变片单臂电桥实验相同。注意：半导体应变片装在双平行式悬臂梁上，做半导体应变片实验时，称重砝码要加在双平行式悬臂梁上。

观察半导体应变片的温度漂移现象。

(五)问题和讨论（questions and discussion）

①单臂、半桥和全桥实验测得的结果与理论上推导的公式相比较，结果如何？

②对桥路测量电路有何特别的要求？为什么？

③半导体应变片与金属箔式应变片的温度漂移特性有何差别？

(六)注意事项（precautions）

更换应变片时应将电源关掉，以免损坏片子。

实验二

移相器和相敏检波器实验

Phase shifter and phase sensitive detector

一、移相器实验(experiment of phase shifter)

(一)实验目的(experiment purpose)

①熟悉由运算放大器组成的移相电路的组成与工作原理。
②观测移相电路的作用,掌握其使用方法。

(二)实验原理(experiment principle)

移相器和相敏检波器是传感检测技术中常用的信号处理电路。

本实验说明运算放大器构成的移相电路的原理及工作情况。图 2.1 为一个简单的固定频率移相电路的原理图。

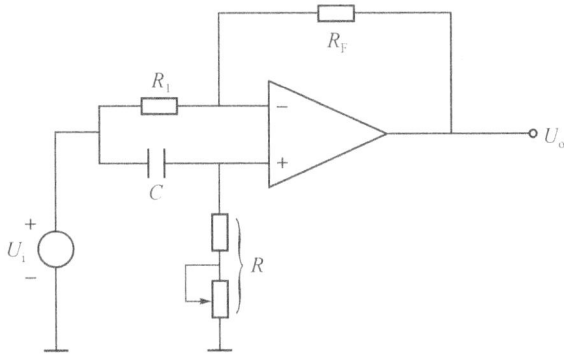

图 2.1　移相电路原理

由图 2.1 不难求得该电路的闭环增益 $G(S)$:

$$G(S) = -\frac{R_F}{R_1} + \frac{SRC}{1+SRC} \times \left(1+\frac{R_F}{R_1}\right)$$

把拉普拉氏算符换成频率域的参数,则得到:

$$G(j\omega) = -\frac{R_F}{R_1} + \frac{\omega^2 R^2 C^2 + j\omega RC}{1+\omega^2 R^2 C^2}\left(1+\frac{R_F}{R_1}\right)$$

可改写为

$$G(\mathrm{j}\omega) = -\frac{R_F}{R_1} + \frac{\omega^2 R^2 C^2}{1+\omega^2 R^2 C^2}\left(1+\frac{R_F}{R_1}\right)$$
$$+\mathrm{j}\,\frac{\omega RC}{1+\omega^2 R^2 C^2}\left(1+\frac{R_F}{R_1}\right)$$

在实际电路中,不希望幅值变化,设定幅值特性 $|G(\mathrm{j}\omega)|=1$。为此,选择参数 $R_1 = R_F$,闭环增益可以简化为

$$G(\mathrm{j}\omega) = -\frac{1-\omega^2 R^2 C^2}{1+\omega^2 R^2 C^2} + \mathrm{j}\,\frac{2\omega RC}{1+\omega^2 R^2 C^2}$$

此时,$|G(\mathrm{j}\omega)|=1$。由上式可以得到相频特性表达式。

$$\tan\varphi = -\frac{2\omega RC}{1-\omega^2 R^2 C^2}$$

由正切三角函数万能公式:

$$\tan\varphi = \frac{2\tan\left(\frac{\varphi}{2}\right)}{1-\tan^2\frac{\varphi}{2}} = -\frac{2\tan\left(-\frac{\varphi}{2}\right)}{1-\tan^2\left(-\frac{\varphi}{2}\right)}$$

比较以上两式,得到相移 φ 为

$$\varphi = -2\arctan(\omega RC)$$

式中,负号表示相位超前。

如果把 R 与 C 互换位置,则可得到相位滞后的情况。显然可见,当阻容网络 RC 不变时相移将随输入信号的频率而变化。

本实验所用移相器电路和实验接线如图 2.2 所示。移相器由两级运算放大器构成,其中,运算放大器 A_1 和与移相网络 R_1、R_3、R_2、C_1 组成微分电路,实现超前移相;运算放大器 A_2 和与移相网络 R_4、R_5、W、C_2 组成积分电路,实现滞后移相。通过调节电位器 W,可以改变输出信号的相位。

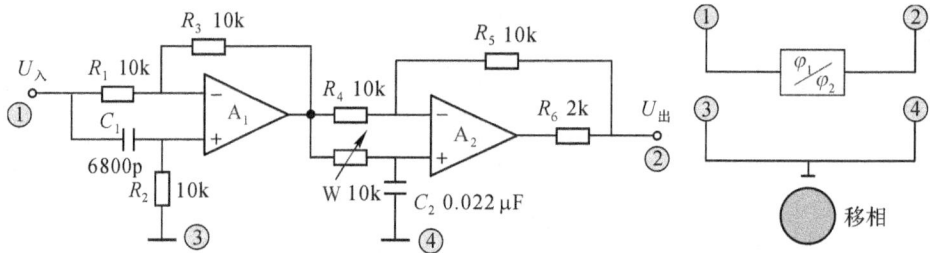

图 2.2　移相器电路和实验接线

(三)实验器材(experiment equipment)

移相器、音频振荡器、双踪示波器。

(四)实验步骤(experiment procedure)

①音频振荡器的频率、幅值旋钮居中,将音频振荡器的输出信号引入移相器的输入端

①(音频信号从 0°、180°插口输出均可)。

②将示波器的两根输入线分别接到移相器的输入端①和输出端②,调整示波器,观察示波器上的波形。

③旋动移相器上的"移相"旋钮,观察两个波形间的相位变化。

④改变音频振荡器的频率,观察不同频率时的最大移相范围。

(五)问题和讨论(questions and discussion)

①根据图 2.2 给出的电路图,分析本移相器的工作原理,并解释实验所观察到的现象。

②如果将双踪示波器改为单踪示波器,移相器的输入信号和输出信号分别送入单踪示波器的 Y 轴和 X 轴,根据李沙育图形是否可完成此实验?

二、相敏检波器实验(experiment of phase sensitive detector)

(一)实验目的(experiment purpose)

①熟悉相敏检波器的工作原理及其使用方法。
②掌握相敏检波器在传感检测技术中的应用。

(二)实验原理(experiment principle)

相敏检波器是能够鉴别调制信号相位并具有选频能力的检波电路,在传感器转换电路中广泛应用。

调幅波的表达式为

$$V_s = (V_m + mX)\cos\omega_c t$$

式中,ω_c——载波信号角频率;

　V_m——载波信号幅度;

　m——调制灵敏度;

　X——调制信号。

设 $X = X_m \cos\Omega t$,其中 Ω 为调制信号角频率,$\Omega \ll \omega_c$

则　$V_s = V_m\cos\omega_c t + mX_m\cos\Omega t\cos\omega_c t$

$$= V_m\cos\omega_c t + V_{X_m}\cos\Omega t\cos\omega_c t$$

$$= V_m\cos\omega_c t + \frac{1}{2}V_{X_m}\cos(\omega_c+\Omega)t + \frac{1}{2}V_{X_m}\cos(\omega_c-\Omega)t$$

由上式可知,调幅波有三个不同频率的成分,第一项不含调制信号,而二、三项都含有调制信号成分,从二、三项中我们可以取出调制信号。

将 V_s 乘以单位幅度的载波信号 $\cos\omega_c t$:

$$V_s \cdot \cos\omega_c t = V_m\cos^2\omega_c t + V_{X_m}\cos\Omega t\cos^2\omega_c t$$

$$= \frac{1}{2}V_m + \frac{1}{2}V_m\cos2\omega_c t + \frac{1}{2}V_{X_m}\cos\Omega t + \frac{1}{2}V_{X_m}\cos\Omega t\cos2\omega_c t$$

$$= \frac{1}{2}V_m + \frac{1}{2}V_m \cos 2\omega_c t + \frac{1}{2}V_{X_m}\cos\Omega t + \frac{1}{4}V_{X_m}\cos(2\omega_c - \Omega)t$$

$$+ \frac{1}{4}V_{X_m}\cos(2\omega_c + \Omega)t$$

V_s 与 $\cos\omega_c t$ 相乘后除直流分量 $\frac{1}{2}V_m$ 以外,产生了四个频率分量。其中 $\frac{1}{2}V_{X_m}\cos\Omega t$ 分量,频率为 Ω,与调制信号的差别只是幅度不同,幅度的不同可以用线性放大器放大,从而完全恢复调制信号;另外三个分量是无用的多余信号,需用滤波器滤除,这三个分量的频率分别为 $2\omega_c$、$(2\omega_c - \Omega)$ 和 $(2\omega_c + \Omega)$,均远高于调制信号频率 Ω,是非常容易被低通滤波器滤除的。

能够实现上述乘法功能的电路,就可以做成相敏检波器。

实验仪中的相敏检波器电路和面板布局如图 2.3 所示:图中①为信号输入端,③为输出端,②为交流参考电压输入端,④为直流参考电压输入端。

相敏检波器由三部分组成:一是由运算放大器 A_1 组成的整形电路部分,二是由场效应管 3DJ7H 组成的电子开关电路部分,三是由运算放大器 A_2 组成的相敏检波器部分。当⑤端的控制电压为负电平时,二极管 D_1 导通,开关管栅极⑥亦为负电平,开关管断开,此时,相敏检波器为同相放大器,输出与输入同相。当⑤的控制电压为正电平时,二极管 D_1 截止,开关管栅极⑥为 0 电平,开关管导通,此时,相敏检波器为反相放大器,输出与输入反相。

当①端输入调制信号时,如果在②端输入载波信号,载波信号经过整形后,在⑤端得到一个同频但是反相的方波信号,在这个信号的控制下,输出端③的信号就是调制信号和这个方波信号的乘积。该方波信号的基波是载波信号,其他高次谐波幅度小,而且会被后续的低通滤波电路滤除,所以在忽略方波信号高次谐波的情况下,可以把这个电路看作是①端输入的调制信号和②端输入的载波信号的乘法电路,因而能够实现相敏检波。

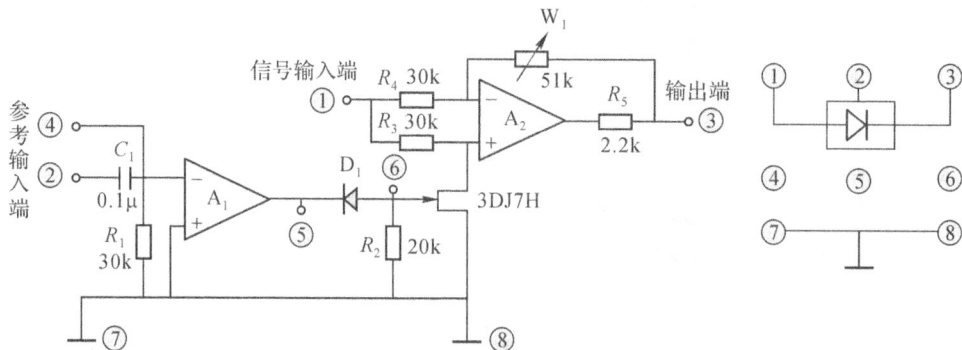

图 2.3　相敏检波器电路和实验仪面板布局

说明:由于作为电子开关的场效应管 3DJ7H 性能所限,相敏检波器的输出有两个半波不一样的现象,如用低频振荡器作为输入则波形良好。

(三)实验器材(experiment equipment)

相敏检波器、音频振荡器、移相器、直流稳压电源、低通滤波器、数字电压表、双踪示波器。

(四)实验步骤(experiment procedure)

(1)相敏检波器的直流控制功能检测(phase sensitive detector DC control function tests)

①把音频振荡器的输出信号 $4kHz/2V_{P-P}$($0°$,$180°$均可)接到相敏检波器的信号输入端❶。

②将直流稳压电源打到 $\pm2V$ 档,把输出电压(正或负均可)接到相敏检波器的参考输入端❹。

③示波器的两个通道分别连到相敏检波器的输入端和输出端。观察输入和输出波形的相位关系和幅值关系。

④改变❹端参考电压的极性,观察输入输出波形的相位关系和幅值关系。

由此可得出结论,当参考电压为正时,输入与输出____相,此时电路的放大倍数为____倍;当参考电压为负时,输入与输出____相,此时电路的放大倍数为____倍。

(2)相敏检波器的交流控制功能检测(phase sensitive detector AC control function tests)

⑤从音频振荡器的 $0°$或 $180°$输出端口输出 $4kHz/2V_{P-P}$信号,接入相敏检波器的信号输入端❶和交流参考输入端❷。

⑥示波器的两通道分别连到相敏检波器的输入端和输出端,观察对比输入波形和输出波形。

⑦用示波器观察附加观察插口❺端和❻端的信号波形,并与交流参考输入端的信号相比较。

由此得出:相敏检波器中的整形电路的作用是将输入的_____波转换成_____波,使相敏检波器中的电子开关能正常工作。

(3)相敏检波器的检幅特性测量(amplitude characteristics test of phase-sensitive detector)

⑧从音频振荡器的 $0°$输出端口输出 $4kHz/2V_{P-P}$信号,接入相敏检波器的信号输入端❶和交流参考输入端❷,将相敏检波器的输出端❸与低通滤波器的输入端连接,低通滤波器的输出端接至数字电压表。

⑨示波器的两通道分别连到相敏检波器的输入端和输出端。观察对比输入和输出波形。

⑩按下表给出的数据,改变音频振荡器的信号幅值 V_{Ip-p},分别读取电压表显示的输出电压 V_0 数值,填入表中:

输入 V_{Ip-p}(V)	0.5	1	2	4	8	16	18
输出 V_0(V)							

⑪将交流参考输入端❷改接到音频振荡器的 $180°$输出端口,其他接线不变。观察示波器上相敏检波器的输入和输出波形。按下表给出的数据,改变音频振荡器的信号幅值 V_{Ip-p},分别读取电压表显示的输出电压 V_0 数值,填入表中:

输　入 V_{Ip-p}(V)	0.5	1	2	4	8	16	18
输出 V_0(V)							

由此可以看出：当相敏检波器的输入信号与参考信号同相时，相敏检波器的输出为＿＿＿极性的＿＿＿＿＿＿＿波形，电压表指示＿＿极性方向的电压＿＿值；反之则输出为＿＿＿极性的＿＿＿＿＿＿＿波形，电压表指示＿＿极性的电压＿＿值。

（4）相敏检波器的鉴相特性测量（phase characteristics test of phase sensitive detector）

⑫从音频振荡器的 0°输出端口输出 4kHz/1V_{P-P}信号，接入移相器的输入端，移相器的输出端与相敏检波器的参考输入端❷连接。相敏检波器的信号输入端❶与音频振荡器的 0°输出端连接。相敏检波器的输出端❸与低通滤波器的输入端连接，低通滤波器的输出端接至数字电压表。

⑬示波器的两通道分别连到相敏检波器的信号输入端和参考输入端。

⑭调节移相器"移相"旋钮，仔细观察示波器的波形和电压表的电压值变化，记录每次改变"移相"旋钮后，相敏检波器输入信号与参考信号之间的相位差和电压表相应的电压值（记录范围应包含电压值的零值和最大值）。

⑮将相敏检波器的输入端❶改接到音频振荡器的 180°输出端口，其他接线不变，重复步骤⑭。

由此可以看出：当相敏检波器的输入信号与参考信号同相时，电压表指示＿＿＿＿极性的电压最＿＿＿＿＿值；当相敏检波器的输入信号与参考信号反相时，电压表指示＿＿＿＿极性的电压最＿＿＿＿值。

（五）问题和讨论（questions and discussion）

①当相敏检波器输入为直流时，输出波形如何？其平均值为多少？

②为什么在实际应用中相敏检波器通常要和移相器配合使用？

实验三

电感式传感器性能测试及其应用

The test and application of inductance sensors

一、差动变压器式电感传感器的性能(performance differential transformer inductance sensor)

(一)实验目的(experiment purpose)

①了解电感式差动变压器的基本结构及原理。
②通过实验验证电感式差动变压器的基本特性。
③掌握利用 NI myDAQ 虚拟仪器进行实验数据采集和分析处理。

(二)实验原理(experiment principle)

差动变压器的基本元件有衔铁、初级线圈、次级线圈和线圈骨架等。初级线圈作为差动变压器激励用,相当于变压器的原边,而次级线圈由两个结构、尺寸和参数相同的线圈反相串接而成,形成变压器的副边。差动变压器是开磁路,工作是建立在互感变化的基础上的。原理及特性见图 3.1 和图 3.2。

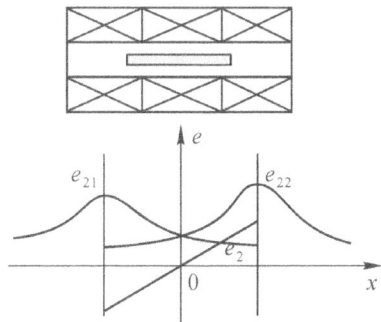

图 3.1　电感式差动变压器结构及特性

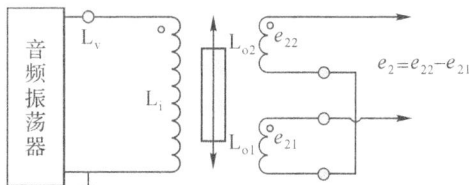

图 3.2　电感式差动变压器工作原理

(三)实验器材(experiment equipment)

差动变压器、音频振荡器、测微头、双踪示波器、NI myDAQ 虚拟仪器教学套件。

（四）实验步骤（experiment procedure）

①按图 3.2 接线，差动变压器初级线圈的输入必须从音频振荡器 L_V 端（即电流输出端）输出。示波器的两个通道分别接差动变压器的初级线圈输入端和次级输出端。

②音频振荡器输出频率 4kHz，输出峰-峰值 2V。

③用手提压变压器磁芯，观察次级输出波形是否能过零翻转，如不能则改变两个次级线圈的串接端。

④旋转测微头调节圆盘工作台位置，或者直接调整衔铁位置，将衔铁置于差动变压器的中间，使次级的差动输出为最小。这个最小电压即为_____电压，可以看出与输入电压的相位差约为_____，是_____分量。

⑤旋动测微头，每 0.5mm 读取次级输出电压 e_2 的峰-峰值 V_{OP-P}，记录±5mm 范围内的数据。读数过程中应注意初、次级波形的相位关系。当铁芯从上至下时，相位由_____相变为_____相。

位移 X(mm)										
电压 V_{OP-P}(V)										

⑥根据表格所列数据，画出 V_{OP-P}-X 曲线，指出线性工作范围。

（五）问题和讨论（questions and discussion）

①最小电压波形包含了哪些波形成分？产生的原因是什么？
②采取何种手段可以减小这个最小电压？

二、差动变压器式电感传感器的应用（application of differential transformer inductance sensor）

（一）实验目的（experiment purpose）

①利用差动变压器式电感传感器测量系统进行位移和振动测量。
②掌握利用 NI myDAQ 虚拟仪器进行实验数据采集和分析处理。

（二）实验原理（experiment principle）

图 3.3 为本实验所用的测量电路。差动变压器式电感传感器测量小位移时，输出信号过小，所以要接入放大器。测量电路中采用相敏检波器，以最大程度地消除零点残余电压影响，并保证测量电路的输出电压能充分反映被测位移量的变化。相敏检波器要求参考电压与差动变压器式电感传感器的输出电压频率相同、相位相同或相反，因此需要在音频振荡器的输出与相敏检波器的参考电压输入端之间接入移相器。相敏检波器的输出信

号经低通滤波器消除高频分量后,得到与衔铁运动一致的有用信号。图中电位器 W_D 和 W_A 用于零点残余电压补偿:当衔铁位于中间位置时,输入为零,此时反复调节 W_D 和 W_A 使电路的输出达到最小,实现零点残余电压补偿的目的。

(三)实验器材(experiment equipment)

差动变压器、差动放大器、音频振荡器、测微头、双踪示波器、低频振荡器、移相器、相敏检波器、数字电压表、振动台、低通滤波器、NI myDAQ 虚拟仪器教学套件。

(四)实验步骤(experiment procedure)

①将衔铁置于线圈中间位置。将差动放大器调零。

②接图 3.3 接线,差动放大器增益适度,音频振荡器 L_V 端输出,频率 4kHz,峰-峰值 2V。

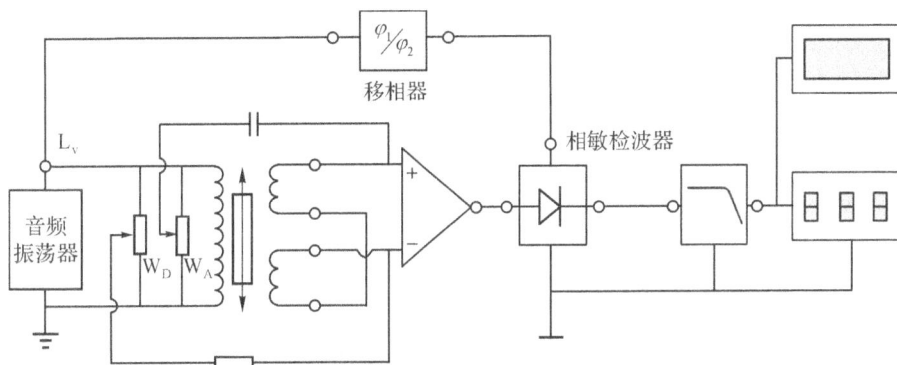

图 3.3　实验接线

③用示波器的两个通道同时观察移相器的输出波形和相敏检波器的输入波形,调节"移相"旋钮,使这两路信号完全同相或者反相。

④调节平衡电位器 W_D 和 W_A,使系统输出为零。如无法到零,则需调节测微头微调衔铁的位置。

⑤旋动测微头,带动衔铁 ±5mm 位移,用数字电压表读取系统的输出电压,每0.5mm 记录一次读数,填入表格(注意电压值的极性)。

位移 X(mm)										
电压 U(V)										

⑥作出电压—位移特性曲线,计算系统的灵敏度和 ±5mm 内的线性度。

⑦振动测量:

a.测量电路同上,将测微头与圆盘式工作台分离,音频振荡输出频率和幅度不变。调整衔铁在支架上的位置,使衔铁位于线圈的中间处,调节 W_D 和 W_A,使系统输出为零。

b.将低频振荡器上的"转换"开关拨到左边,"激振"开关打到"I",使低频振荡器输出到圆盘振动台的激振器,从而给圆盘振动台加一个频率为 f 的交变力,使振动台上下振动。用示波器观察系统输出波形是否正负对称,如不对称则需反复调节衔铁位置、平衡电位器 W_D、W_A 和移相器,直到输出对称。

c.低频振荡器的"增益"旋钮旋至适中,保持输出幅度不变。用示波器的一个通道从低频振荡器的 V_O 输出端读取低频振荡器的输出频率值,用示波器的另一通道读取低通滤波器输出电压的峰-峰值 V_{OP-P},改变低频振荡器的输出频率 f,从 5 Hz 到 30 Hz,分别读取不同振动频率下低通滤波器输出电压的峰-峰值 V_{OP-P},记录实验数据,填入下表:

f(Hz)							
V_{OP-P}(V)							

根据实验结果,作出圆盘振动台的振幅—频率特性曲线,并指出圆盘振动台自振频率的大致数值。

(五)问题和讨论(questions and discussion)

①通过以上两个差动变压器应用的实例,请粗略说明一下制作差动变压器要注意的几个主要方面。
②提高差动变压器式电感传感器的静态特性和灵敏度的途径。

三、激励频率对差动变压器式电感传感器的影响(excitation frequency effect on differential transformer inductance sensor)

(一)实验目的(experiment purpose)

①通过本实验了解在不同激励频率下电感式传感器的不同特性。
②掌握利用 NI myDAQ 虚拟仪器进行实验数据采集和分析处理。

(二)实验器材(experiment equipment)

差动变压器、音频振荡器、差动放大器、双踪示波器、测微头、NI myDAQ 虚拟仪器教学套件。

(三)实验步骤(experiment procedure)

①按图 3.4 接线。音频振荡器 L_v 端输出,频率 1 kHz,峰-峰值 2 V,差动放大器增益适度。在整个实验过程中音频振荡器的幅值和差动放大器的增益要保持不变。

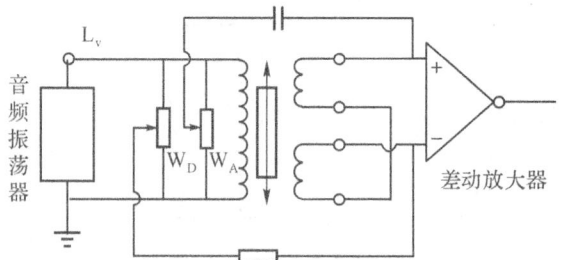

图 3.4　实验接线

②装上测微头,调整衔铁使之处于线圈中间位置,调节 W_D、W_A,使系统输出最小。

③旋动测微头,带动衔铁±5mm 位移,用示波器读取输出电压峰-峰值 $V_{OP\text{-}P}$,每间隔 1mm 记录一次,填入下表:

ΔX(mm)											
$V_{op\text{-}p}$(V)(1kHz)											
$V_{op\text{-}p}$(V)(2kHz)											
$V_{op\text{-}p}$(V)(4kHz)											
$V_{op\text{-}p}$(V)(6kHz)											
$V_{op\text{-}p}$(V)(8kHz)											
$V_{op\text{-}p}$(V)(10kHz)											

④改变音频振荡器的频率,分别为 2kHz、4kHz、6kHz、8kHz、10kHz,重复步骤 2、3,将结果填入表中。注意每次改变频率后,要重新调好零位,但是不得改变音频振荡器的幅值和差放的增益。

(四)数据处理(data processing)

根据所测数据在同一坐标系上作出 V-X 曲线,计算灵敏度,并作出灵敏度与频率的关系曲线。

(五)问题和讨论(questions and discussion)

①激励频率对电感式传感器的特性有何影响?
②为什么在实验过程中要保持音频振荡器的输出幅值和差动放大器的增益不变?

实验四

电涡流式传感器的性能测试及其应用

Performance test of eddy current sensor and its application

一、电涡流式传感器静态标定(eddy current sensor static calibration)

(一)实验目的(experiment purpose)

①了解电涡流式传感器的原理及静态特性。

②掌握利用 NI myDAQ 虚拟仪器进行实验数据采集和分析处理。

(二)实验原理(experiment principle)

图 4.1 是电涡流式传感器静态标定的实验装置。被测金属板(铝金属片)安装在振动台上,电涡流式传感器固定在实验仪台板上,上下可以调节。当线圈通以交变电流后,铝金属片上会产生电涡流,电涡流强度的不同,对线圈阻抗 Z 的影响程度不同。而电涡流强度与金属板的电阻率、导磁率、厚度、温度以及线圈与金属表面距离 Y 等有关。当平绕线圈、被测体、激励源已确定,并保持环境温度不变时,阻抗 Z 就只与距离 Y 有关。将阻抗变化经涡流变换器变换成电压输出,则输出电压 U 仅是位移 Y 的单值函数,其关系曲线可由图 4.2 表示。

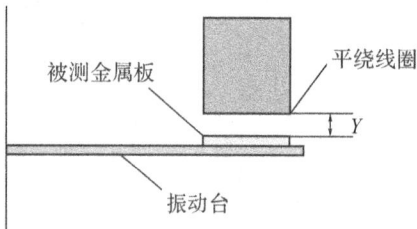

图 4.1　实验结构

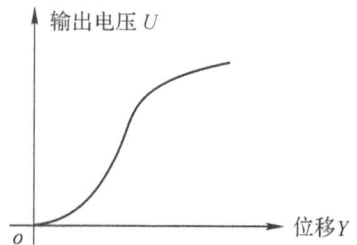

图 4.2　电涡流式传感器特性曲线

图 4.4 为实验中采用的电涡流传感器测量电路。电路由以下三部分组成:

①振荡电路。Q_1、C_1、C_2、C_3 组成电容三点式振荡器,产生频率为 1MHz 左右的正弦载波信号。电涡流传感器接在振荡回路中,传感器线圈是振荡回路的一个电感元件。振荡器的作用是将位移变化引起的振荡回路的 Q 值变化转换成高频载波信号的幅值变化。

②涡流变换器。D_1、C_5、L_2、C_6 组成了由二极管和 LC 形成的 π 形滤波的检波器,检波器的作用是将高频调幅信号中传感器检测到的低频信号取出来。

③射极跟随器。射极跟随器的作用是实现输入、输出匹配,以获得尽可能大的不失真输出。

(三)实验器材(experiment equipment)

电涡流式传感器、涡流变换器、示波器、数字电压表、铝测片、NI myDAQ 虚拟仪器教学套件。

(四)实验步骤(experiment procedure)

测量系统如图 4.3 所示,图 4.4 为测量电路的电原理图。

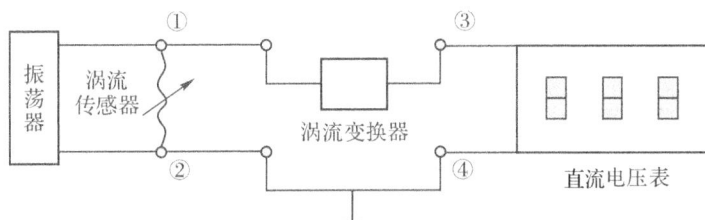

图 4.3　实验接线

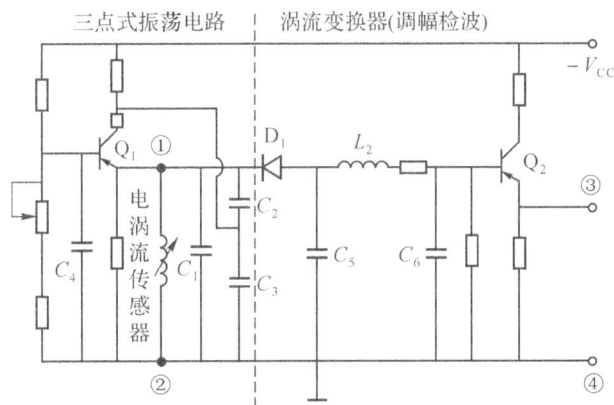

图 4.4　振荡器和涡流变换器的电路

①装好电涡流式传感器,将传感器尾部的引线插入试验台上的插座内,以获得 1MHz 的交流激励。

②按图 4.3 接线。

③将电涡流式传感器远离被测体,用示波器观察❶点处电涡流式传感器上的电压波形,此波形为高频_____波形,其频率为_____Hz。

④将电涡流式传感器对准铝测片,调节电涡流式传感器的高度,使其与被测片接触并且平行,由此开始读数。旋转测微头,每次取 $\Delta Y = 0.1\text{mm}$,用示波器观察❶点处电涡流式传感器上的电压波形,记录电压峰-峰值 $V_{p-p}(\text{V})$;用数字电压表读取❸点处涡流变换器的输出电压值 $U(\text{V})$并记录,直到线性度严重破坏为止。将数据填入下表:

Y(mm)								
$V_{p\text{-}p}$(V)								
U(V)								

(五)数据处理(data processing)

①将数据整理好作出 $U\text{-}Y$ 曲线。

②求出线性范围为 3mm，线性度为 3%时的系统灵敏度 $S=\Delta U/\Delta Y$（用误差理论的方法求得）。

③说明电涡流式传感器与被测体之间的最佳初始工作点；单向工作及双向工作时，电涡流式传感器的最佳安装点。

二、电涡流式传感器的应用(application of eddy current sensor)

(一)实验目的(experiment purpose)

通过实验掌握电涡流式传感器应用在振幅测量上的理论和方法。

(二)实验器材(experiment equipment)

电涡流式传感器、涡流变换器、双踪示波器、低频振荡器、数字电压表、铝测片。

(三)实验步骤(experiment procedure)

①将圆盘式工作台与测微头分离，调整电涡流式传感器与被测体之间的距离，使电涡流式传感器位于双向工作时的最佳安装点，记录安装点位置。

②把低频振荡器上的"转换"开关拨到左边，"激振"开关拨到"Ⅰ"，使激振器带动圆盘工作台振动。低频振荡器的增益调至适当大小，使圆盘式工作台产生适当幅度的振动。

③用示波器的两个通道同时观察涡流变换器的输入、输出波形，对比两个波形，说明观察到的现象，并解释原因。

④用示波器的一个通道从低频振荡器的 V_0 输出端读取低频振荡器的输出频率值，用示波器的另一个通道观察③点处涡流变换器的输出波形。设置低频振荡器的频率分别为 10Hz、15Hz、20Hz、30Hz，分别记录涡流变换器输出电压的峰-峰值 $V_{p\text{-}p}$。根据初始安装点位置和测得的 $V_{p\text{-}p}$ 值，在 $U\text{-}Y$ 曲线上计算被测体的振动幅值 $Y_{p\text{-}p}$。

f(Hz)	10	15	20	30
$V_{p\text{-}p}$(V)				
$Y_{p\text{-}p}$(mm)				

（四）注意事项（precaution）

①不能将激振频率打得过低，以免产生过大的振幅。
②调节低频振荡器输出幅值时，要缓慢旋动"增益"旋钮。

（五）问题和讨论（questions and discussion）

①如果传感器的线性范围是 0～1mm，测振幅时最佳工作点是距离被测体几毫米处？
②如果已知被测体振幅峰-峰值为 0.2mm，传感器是否一定要安装在最佳工作点处？
③如果涡流传感器仅用来测量振动频率，工作点问题是否仍然重要？
④请举出几个电涡流传感器应用的例子。
⑤请根据实验结果总结电涡流传感器的特点。

实验五

电容式传感器的特性测试及其应用

Performance test of capacitive sensors and its application

(一)实验目的(experiment purpose)

①了解差动变面积式电容传感器的原理、特性及应用。

②掌握利用 NI myDAQ 虚拟仪器进行实验数据采集和分析处理。

(二)实验原理(experiment principle)

图 5.1 为差动变面积式电容传感器的实验装置。它由两组上、下层定片和一组固定在振动台上的动片组成,上层定片组与动片组组成一组电容器,总电容值为 C_{X1},下层定片组与动片组组成另一组电容器,总电容值为 C_{X2}。当改变振动台上下位置时,动片组跟着改变垂直位置,使动片组与上下两组定片之间的重叠面积相应发生变化,引起上下两组电容器的总电容值 C_{X1} 和 C_{X2} 差动变化。如将 C_{X1},C_{X2} 接入电容—电压变换电路(电容变换器),则变换电路的输出电压 U 与电容变化有关,即与振动台位移量 Y 有关。

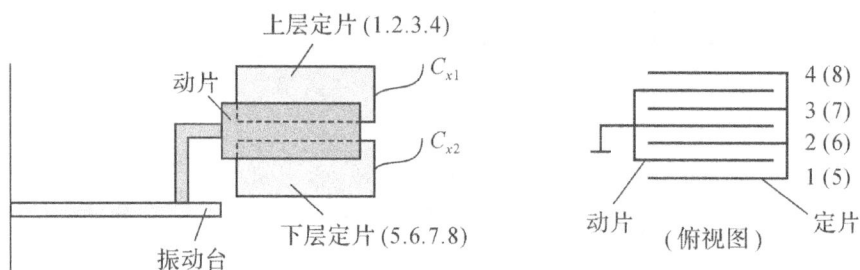

图 5.1　实验装置原理

差动变面积式电容传感器的测量电路:

图 5.2 中,图(a)为实验接线图;图(b)为电容变换器单元电路在仪器面板上的示意图;图(c)为电容变换器电路原理图,电容变换器采用二极管双 T 型交流电桥电路,将两个差动电容器 C_{X1} 和 C_{X2} 电容值的差值转换为电压信号输出,其电容—电压转换特性为

$$U_L \approx E[(R+2R_L)/(R+R_L)^2]RfR_L(C_{X1}-C_{X2})$$

式中,f——电容变换器高频方波电源的频率;

　　E——方波的幅值;

　　R——内部固定电阻;

R_L——负载电阻(可调);

C_{X1}、C_{X2}——差动电容。

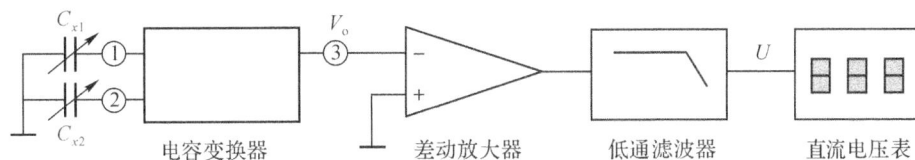

(a)

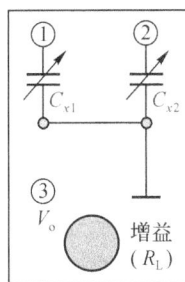

(b)

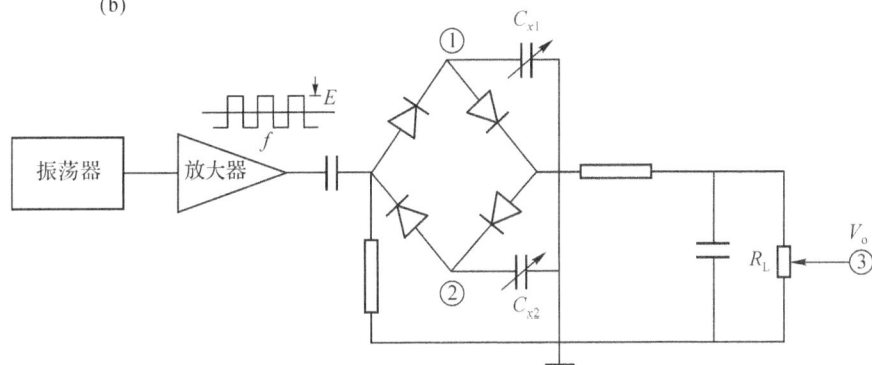

(c)

图 5.2　实验接线和电路原理

(三)实验器材(experiment equipment)

电容传感器、电容变换器、测微头、差动放大器、低通滤波器、数字电压表、双踪示波器、低频振荡器、NI myDAQ 虚拟仪器教学套件。

(四)实验步骤(experiment procedure)

①按图 5.2(a)接线。

②将差动放大器正、负输入端接地,并旋动调零电位器,使电压表读数为零。

③调节电容变换器的输出电位器(图 5.2(b)中的 R_L),使其接近最大位置(右旋到底为最大)。

④将电容变换器的输出端❸接差动放大器"—"输入端。把测微头与振动台吸合,旋动测微头,调节电容传感器动片的垂直位置,观察直流电压表的电压读数,直至读数为零。

此时电容传感器的动片位于上层和下层定片的正中间($C_{X1}=C_{X2}$)。

⑤旋动测微头,改变振动台位置 Y,每次取 $\Delta Y = 0.2$mm,并记录相应的电压表读数,填入下表中,直至线性度完全破坏为止。

Y(mm)												
U(V)												

⑥退回测微头至初始位置,使振动台向相反方向移动,读取相应数值,记入下表中。

Y(mm)												
U(V)												

⑦松开测微头,断开电压表。把低频振荡器上的"转换"开关拨到左边,将"激振"开关拨到"I",低频振荡器的增益调至适当大小,使圆盘式工作台产生适当幅度的振动。调节低频振荡器的频率,用示波器观察低通滤波器的输出电压波形,记录振动频率,并与低频振荡器的频率相比较。

(五)数据处理(data processing)

①作出电压和位移 U-Y 关系曲线,求出灵敏度。
②找出线性度为 3% 的 3mm 的线性范围。

(六)问题和讨论(questions and discussion)

①与电涡流式传感器作比较,比较两种传感器在相同区间内的线性度。
②变面积式电容传感器与变极距式电容传感器相比哪一种线性好?讨论它们存在非线性的原因。

实验六

压电加速度传感器的应用
Application of piezoelectric sensor

(一)实验目的(experiment purpose)

①通过本实验了解压电式加速度计的结构及应用。

②掌握利用 NI myDAQ 虚拟仪器教学套件进行实验数据采集和分析处理。

(二)实验原理(experiment principle)

压电加速度计是根据压电原理制成的测量振动的传感器,图 6.1 是一种压缩式压电加速度计的结构原理图。

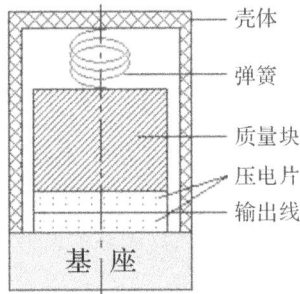

图 6.1　压缩式压电加速度传感器的结构原理

压电元件固定在外壳基座上,其上的质量块用弹簧施加预压力,其力学模型可简化为一个单自由度质量——弹簧系统。当有一个振动激励该质量——弹簧系统时,传感器内部的敏感质量块感受到振动后对压电元件施加作用力,作用力 f 可用下式表示:

$$f = ma$$

式中,m——敏感块的质量;

　　a——敏感质量块的加速度。

由于压电元件的压电效应,压电元件受力后产生的电荷量与其所受的力成正比,即

$$q = d_{ij}f = d_{ij}ma$$

式中,d_{ij}——压电材料的压电系数。

对于每只压电加速度计,其内装压电晶体的压电系数和敏感块质量均为常量,所以压电元件受力后产生的电荷量 q 与加速度 a 成正比。因此,只要测量压电加速度计输出的电荷量,即可确定振动所产生的加速度值,并可由此测量振动的频率和幅度。

为了改善压电传感器的低频特性,常采用电荷放大器。电荷放大器由一个反馈电容 C_f 和高增益运算放大器构成,电荷放大器等效电路如图 6.2 所示。

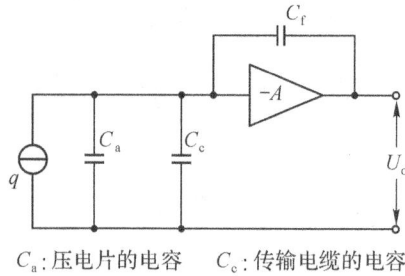

C_a:压电片的电容　　C_c:传输电缆的电容

图 6.2　电荷放大器等效电路

当开环增益足够大时,电缆电容和传感器电容可以忽略,输出电压仅为输入电荷及反馈电容的函数:

$$U_0 = -q/C_f$$

电荷放大器的输出电压与电缆电容无关,因此可以采用长电缆进行远距离测量,并且电缆电容变化也不影响灵敏度,这是电荷放大器的最大特点。

压电传感器不能用于静态测量,因为经过外力作用后产生的电荷,只有在测量电路具有无限大的输入阻抗时才能保存,而实际情况无法做到这样,这就决定了压电传感器只能够测量动态的应力。在本实验中,当振动频率过低(<3Hz)时,电荷放大器将无输出。

(三)实验器材(experiment equipment)

低频振荡器、电荷放大器、低通滤波器、压电加速度计、双踪示波器、NI myDAQ 虚拟仪器教学套件。

(四)实验步骤(experiment procedure)

①观察装于平行式悬臂梁上的压电加速度计结构。

②将压电加速度计的输出用短线引到电荷放大器的输入端,然后将电荷放大器的输出接到低通滤波器的输入端,如图 6.3 所示。

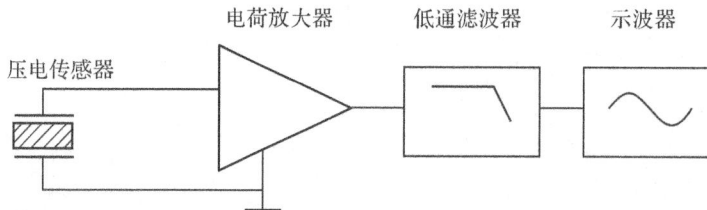

图 6.3　压电式加速度计的实验系统连接

③把低频振荡器上的"转换"开关拨到左边,将"激振"开关切换到 Ⅱ,使低频振荡器输出到平行式悬臂梁的激振器,从而带动平行式悬臂梁振动。

④开启电源,将低频振荡器的频率打到 5～30Hz 范围内,适当调节低频振荡器的"增

益",使悬臂梁的振动不至于过大。

⑤用示波器的两个通道同时观察电荷放大器与低通滤波器的输出波形,说明观察到的现象并解释原因。

⑥用手轻击试验台,观察输出波形的变化。可见敲击时输出波形会产生"毛刺",试解释原因。

⑦保持低频振荡器的输出幅度不变,用示波器的一个通道从低频振荡器的 V_0 端读取低频振荡器的输出频率值,用示波器的另一通道读取低通滤波器输出电压的峰-峰值 $V_{\text{OP-P}}$,改变低频振荡器输出频率 f,从 5Hz 到 30Hz,分别读取低通滤波器输出电压的峰-峰值 $V_{\text{op-p}}$,记录实验数据,填入下表:

$f(\text{Hz})$									
$V_{\text{op-p}}(\text{V})$									

根据实验结果,作出平行式悬臂梁的振幅—频率特性曲线,并指出悬臂梁自振频率的大致数值。

(五)注意事项(precaution)

①平行式悬臂梁振动时应无碰撞现象,否则将严重影响输出波形。如有必要可松开梁的固定端,小心调整一下位置。

②低频振荡器的输出幅度应适当,避免失真。

③仪器应可靠接地,以减小工频干扰。

(六)问题和讨论(questions and discussion)

①为什么电荷放大器与压电加速度计的接线必须用屏蔽线或者短线,否则会产生什么问题?

②必须将传感器的基座固定在振动梁上,否则人体的干扰会比较严重,为什么?

实 验 七

磁电式传感器的应用

Application of magnetoelectric sensors

(一)实验目的(experiment purpose)

通过观察及实验,了解磁电式速度传感器的结构、原理和应用。

(二)实验原理(experiment principle)

磁电感应式传感器是一种能把非电量(如机械量)的变化转换为感应电动势的传感器,它也称为电动势传感器。本实验所用的磁电感应式传感器的结构如图 7.1 所示。

磁电感应式传感器的基本部件有二:一是磁路系统,由它产生恒定的直流磁场,为了减小传感器体积,一般都采用永久磁铁;另一个是线圈,线圈与磁场之间相对运动切割磁力线,在线圈中产生感应电势 E。

$$E = -nB_oLv$$

式中,n——线圈在工作气隙磁场中的匝数;

B_o——工作气隙的磁感应强度;

L——每匝线圈的平均长度;

v——线圈与磁铁之间的相对运动速度。

从公式可知感应电势 E 与线圈相对于磁场的运动速度成正比,因此必须使它们之间有一个相对运动。作为运动部件,它可以是线圈,也可以是永久磁铁;前者称为动圈式,后者称为动铁式。

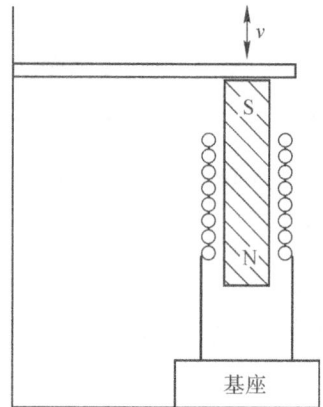

图 7.1　磁电感应式传感器的结构

(三)实验器材(experiment equipment)

磁电式传感器、低频振荡器、差动放大器、涡流传感器、涡流变换器、铝测片、双踪示波器。

(四)实验步骤(experiment procedure)

①观察实验仪上磁电式传感器的结构,它由空芯线圈和永久磁钢组成。属于动铁式还是动圈式?

②将磁电式传感器的两端分别接到差动放大器的"＋"、"－"输入端。实验接线如图7.2所示。

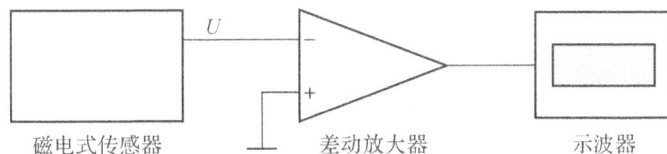

图 7.2　磁电式传感器实验接线

③将圆盘式工作台与测微头脱离,将低频振荡器上的"转换"开关拨到左边,"激振"开关拨到 I,开启电源。

④用示波器的两个通道同时观察低频振荡器和差动放大器输出端的波形,比较两路信号的频率关系。分别改变低频振荡器的频率和输出幅值,观察输出波形的变化。

⑤关掉电源,安装好涡流传感器,适当调整初始位置,将涡流传感器的输出接到涡流变换器的输入端。实验接线如图7.3所示。

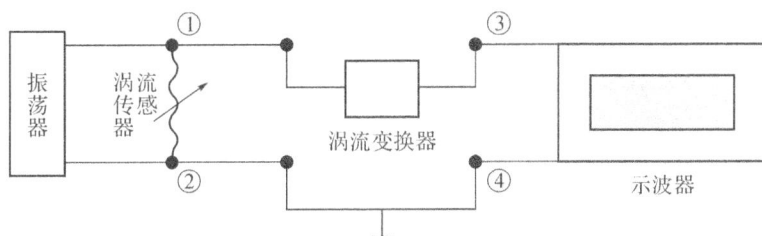

图 7.3　电涡流传感器实验接线

⑥开启电源,用示波器的两个通道同时观察差动放大器和涡流变换器输出端的波形,比较两路信号的频率和相位关系,说明原因。

⑦将"激振"开头拨到中间位置,从而关闭激振器。关闭实验仪电源,将低频振荡器的输出 V_0 接到磁电式传感器,磁电式传感器的另外一端接地。

⑧开启电源,可见磁电式传感器的动铁带动圆盘式工作台振动,由涡流传感器测得振动频率,与低频振荡器的输出频率相比较。

可见,磁电式传感器可以实现激振器的功能,磁电式传感器是一种磁→电、电→磁转换的双向式传感器。

(五)注意事项(precaution)

①实验过程中应控制振动台振幅,以免与涡流传感器相碰。

②此实验没有要求定量,因此涡流传感器的初始位置可大一些,不出现明显的波形失真即可,实验过程中还可适当改变初始位置以观察不同的振幅。

(六)问题和讨论(questions and discussion)

①可否用磁电式传感器测量振幅? 为什么?
②磁电式传感器需要供电吗? 为什么?

实验八

霍尔式传感器特性测试及其应用
Performance test of Hall sensor and its application

一、霍尔式传感器特性——直流激励(Hall sensor characteristics—DC excitation)

(一)实验目的(experiment purpose)

①了解霍尔式传感器的结构和工作原理。

②学会用霍尔式传感器测量静态位移。

③分析霍尔式传感器特性(包括灵敏度、线性度)。

④了解霍尔式传感器在振动测量中的应用。

⑤掌握利用 NI myDAQ 虚拟仪器进行实验数据采集和分析处理。

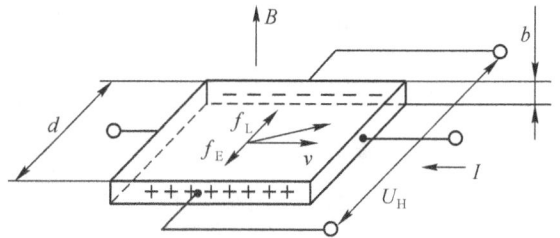

图 8.1 霍尔效应

(二)实验原理(experiment principle)

图 8.1 中,处于磁场中的载流导体,当其中的电流方向与磁场方向不一致时,导体中的载流子(电子与空穴)受到相反方向的洛仑兹力而向导体的两个不同端面聚集,从而在两个端面之间产生电场,这种现象称为霍尔效应(Hall effect),产生的电势(U_H)称为霍尔

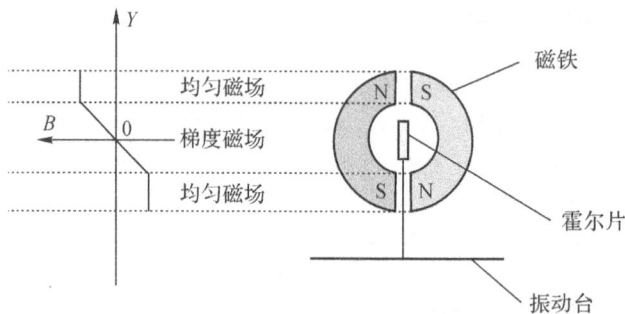

图 8.2 实验原理

电势

$$U_H = K_H I B$$

式中，K_H——霍尔片的灵敏度。

图 8.2 是运用霍尔元件进行位移测量的实验装置。磁铁由两个半环形永久磁钢组成，形成梯度磁场，位于梯度磁场中的霍尔元件（霍尔片）通过底座连接在振动台上。当霍尔片通以恒定的电流时，霍尔元件就有电压输出。如果改变振动台的位置，使霍尔片在梯度磁场中上下移动，输出的霍尔电势 U_H 值就取决于霍尔片在磁场中的位移量 Y，所以由霍尔电势的大小便可获得振动台的位移。其关系如图 8.3 所示。

（三）实验器材（experiment equipment）

霍尔片、磁路系统、差动放大器、直流稳压电源（+2V 档）、测微头、数字电压表、低频振荡器、双踪示波器、NI myDAQ 虚拟仪器教学套件。

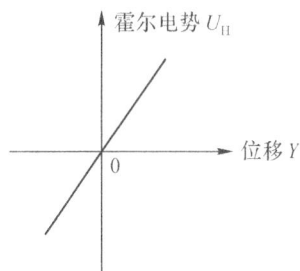

图 8.3　霍尔元件特性曲线

（四）实验步骤（experiment procedure）

①开启电源，将差动放大器调零。

②测量电路按图 8.4 接线。

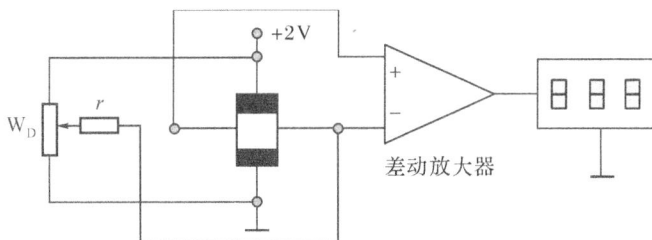

图 8.4　实验接线

③将测微头与振动台吸合，旋转测微头移动振动台，使霍尔片位于梯度磁场的中间位置。调节电位器 W_D 和差动放大器增益，使得当霍尔片位于中间位置时电压表读数为零，当振动台在 ±4mm 位置时电压表双向指示较大，且基本对称。

④保持电位器 W_D 和差动放大器增益不变，使霍尔片回到梯度磁场的中间位置。旋动测微头在 ±4mm 范围内作位移测量，每变化 0.2mm 读取相应的电压值，记入下表：

Y(mm)										
U_H(V)										

⑤分离测微头与振动台，将低频振荡器上的"转换"开关拨到左边，"激振"开关拨至 I，使低频振荡器的输出通过激振器带动圆盘工作台振动。用示波器的两个通道同时观察差动放大器和低频振荡器的输出波形，调节低频振荡器的输出频率和输出幅度，观察并比较差动放大器输出波形频率和振幅的变化。

(五)注意事项(precaution)

①霍尔片要全部处于梯度磁场中,磁路部分的中缝必须与霍尔片平行,以提高线性度和灵敏度。

②激励电压+2V不要随意增大,以免损坏霍尔片。

(六)数据处理(data processing)

作出输出电压U_H和位移Y的关系曲线,求其线性度和灵敏度。

(七)问题和讨论(questions and discussion)

①利用霍尔式传感测量位移和振动时,有何限制?

②设计一个利用霍尔式传感器进行物体三维空间定位的系统。

二、霍尔式传感器——交流激励(Hall sensor characteristics—AC excitation)

(一)实验目的(experiment purpose)

①了解霍尔片在交流信号激励下的特性及其在振动测量中的应用。

②掌握利用NI myDAQ虚拟仪器教学套件进行实验数据采集和分析处理。

(二)实验原理(experiment principle)

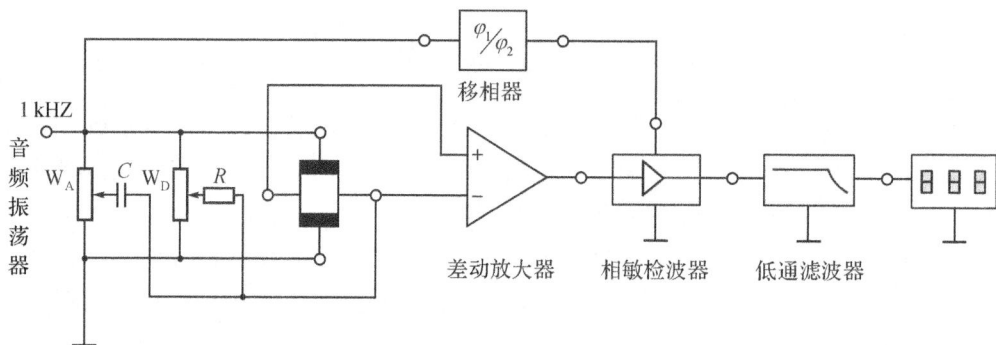

图 8.5　实验接线

图8.5是交流信号激励下的霍尔式传感器振动测量系统。测量电路中采用相敏检波器,以保证测量电路的输出电压能充分反映被测位移量的变化。霍尔式传感器测量小位移时,输出信号过小,所以要接入放大器。相敏检波器要求参考电压与输入电压频率相同、相位相同或相反,因此需要在音频振荡器的输出与相敏检波器的参考电压输入端之间接入移相器。相敏检波器的输出信号经低通滤波器消除高频分量后,得到与霍尔片运动一致的有用信号。图中电位器W_D和W_A用于直流不等位电势和交流不等位电势补偿:

当霍尔片位于梯度磁场的中间位置时,调节 W_D 和 W_A 使电路的输出最小,实现不等位电势补偿。

(三)实验器材(experiment equipment)

霍尔片、磁路系统、低频振荡器、音频振荡器、差动放大器、测微头、移相器、相敏检波器、低通滤波器、双踪示波器、数字电压表、NI myDAQ 虚拟仪器教学套件。

(四)实验步骤(experiment procedure)

①将音频振荡器(0°或 180°输出)调到 1kHz,输出幅值调到适当位置(峰-峰值不要超过 5V)。将差动放大器调零。

②按图 8.5 接线。

③将测微头与振动台吸合,旋转测微头移动振动台,调节差动放大器的增益、移相器的移相旋钮和 W_A、W_D,使得振动台在 ±4mm 范围内移动时,当振动台位于上下端点处电压表双向指示较大,且基本对称。

④使霍尔片回到磁路中间位置。

⑤旋动测微头 ±4mm,每间隔 0.2mm 用数字电压表读取相应电压值,记入下表:

Y(mm)											
U_H(V)											

⑥分离测微头与振动台,将低频振荡器上的"转换"开关拨到左边,"激振"开关拨至 I,使低频振荡器的输出通过激振器带动圆盘工作台振动。用示波器的两个通道同时观察差动放大器和低通滤波器的输出波形,调节低频振荡器的输出频率和输出幅度,观察并比较两路信号的变化。试说明所观察到的现象。你能否说明在什么样的情况下要用到相敏检波器吗?

(五)数据处理(data processiong)

根据测得的数据作出 U_H-Y 特性曲线。

(六)注意事项(precaution)

①由于 W_D 和 W_A 是代用的,因此交流不等位电势可能不能调得很小,必要时可自接电容。

②交流激励信号必须从电压输出端(0°、180°)输出,幅度应限制在峰-峰值 5V 以下,以避免霍尔片产生自热现象。

(七)问题和讨论(questions and discustion)

①霍尔式传感直流激励和交流激励时有何区别?

②在交流激励时,测量电路中为何要使用相敏检波器?

实验九

光纤位移传感器的特性及其应用

Performance test of fiber optic sensor and its application

一、光纤位移传感器的静态特性测量(test of static characteristics of fiber displacement sensor)

(一)实验目的(experiment purpose)

①了解光纤位移传感器的原理、结构及特性。
②掌握利用 NI myDAQ 虚拟仪器进行实验数据采集和分析处理。

(二)实验器材(experiment equipment)

Y 型光纤束(半圆式)、光电转换装置(含有发光管、光电接收管和两根多模光纤)、光电变换器、测微头、振动台、反射片(铝测片)、数字电压表、NI myDAQ 虚拟仪器教学套件。

(三)实验原理(experiment principle)

反射式光纤位移传感器如图 9.1 所示。a、b 两束光纤混合后,形成 Y 型光纤。混合方式不同就有了不同分布的光纤,如图 9.2 所示。本实验所用的光纤为半圆式结构,由数百根光导纤维组成,其中一半为传输发射光的光源光纤,一半为传输反射光的接收光纤。

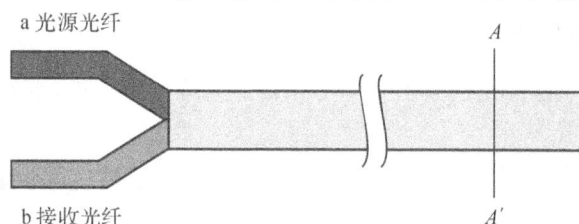

图 9.1 光纤位移传感器结构

发光管发出的光(红外光),经光纤束 a 传送,照射到被测物表面,经反射与光纤束 b 耦合后被接收管检测到。距离 X 变化时接收管检测到的光强度不同,于是就可以测量位移。测量系统如图 9.3 所示,图 9.4 为输出电压与位移的特性曲线。

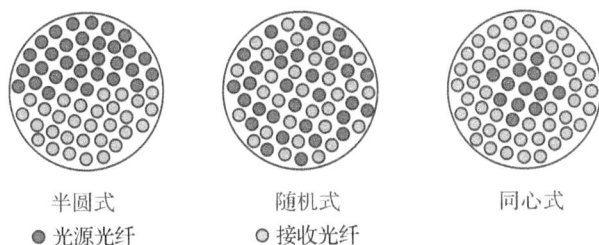

半圆式　　　　随机式　　　　同心式
● 光源光纤　　○ 接收光纤

图 9.2　A-A′截面

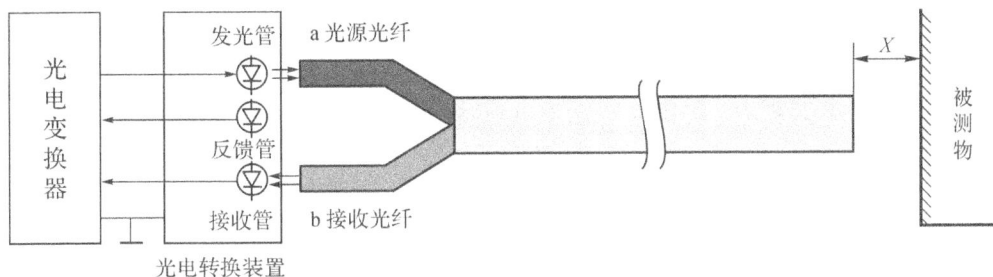

图 9.3　测量原理

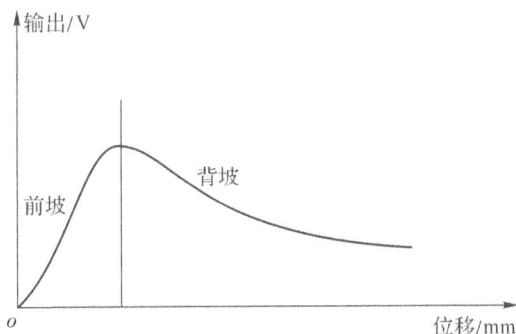

图 9.4　光纤位移传感器特性曲线

(四)实验步骤(experiment procedure)

①用电涡流传感器架子将光纤位移传感器的探头固定,探头对准圆盘式工作台上的铝测片。

②将光电转换装置与光电变换器相连,光电变换器的面板如图 9.5 所示,将变换器的"光纤输出"接到电压表,变换器的增益调至适当大小,打开电源预热 5 分钟。

③旋转测微头,使光纤探头接触铝测片表面,令反射面与光纤探头之间的距离为 0,这时电压表读数最小。然后旋转测微头使铝测片逐渐离开探头,每隔 0.1mm 读取电压表的数值,填入下表。

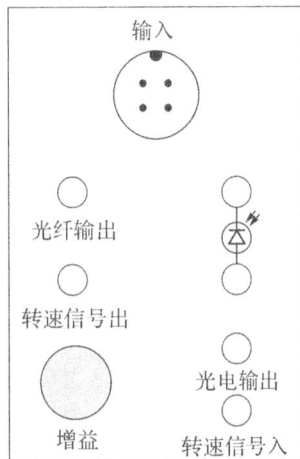

图 9.5　光电变换器面板

X(mm)	0.1	0.2	0.3	…	…	…	…	9.9	10.0
U(V)									

④作出 U-X 曲线,计算灵敏度及线性范围。

(五)注意事项(precaution)

①输出信号较小时,可调节光电变换器增益旋钮,但开始测试后不得再变动增益。
②在装拆光纤时应轻拿轻放,不能把光纤强烈弯曲,以免折断光纤,并注意保护光纤端面,不能擦毛或沾上污物。若光纤端面沾有污物时,必须用镜头纸轻轻抹除。
③不能让光纤探头长时间受强光照射,以免长时间输出过大烧坏有关电路。
④实验时应避免强光直接照射被测物,以免造成测量误差。

(六)问题和讨论(questions and discussion)

①试以半圆式光纤的结构特点和光纤数值孔径的概念,解释所测得的特性曲线。
②有哪些因素会影响特性曲线的斜率和线性范围?
③影响测量稳定性的因素有哪些?

二、光纤位移传感器的动态特性及振动和转速测量(dynamic characteristics and vibration and speed measurement of fiber displacement sensor)

(一)实验目的(experiment purpose)

①本实验考察光纤位移传感器的动态响应并用它来测量振动和转速。
②掌握利用 NI myDAQ 虚拟仪器进行实验数据采集和分析处理。

(二)实验器材(experiment equipment)

Y 型光纤束(半圆式)、光电转换装置(含有发光管、光电接收管和两根多模光纤)、光电变换器、振动台、反射片(铝测片)、低频振荡器、双踪示波器、NI myDAQ 虚拟仪器教学套件。

(三)实验原理(experiment principle)

当振动台振动时,铝测片表面与光纤之间的距离发生变化,使光纤的输出为具有振动台振动频率的正弦信号,经放大和整形后可测得振动幅值和振动频率。

(四)实验步骤(experiment procedure)

①利用静态实验中得到的特性曲线,在曲线前坡的线性段选择一个静态工作点(如中点附近),如图 9.6 所示。

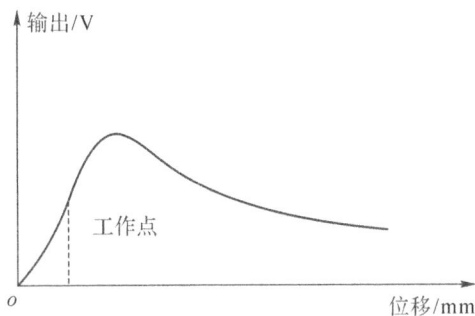

图 9.6　光纤位移传感器静态特性曲线

②将测微头与振动台分离。

③调节架子上光纤传感器探头与铝测片的距离,使其处于选好的工作点位置。

④将低频振荡器的"转换"开关拨至左边,"激振"开关拨至 I,使低频振荡器通过激振器带动圆盘工作台振动。用示波器的两个通道同时观察光电变换器和低频振荡器的输出电压波形,调节低频振荡器的输出频率和输出幅度,观察光电变换器输出电压波形的变化。

⑤保持低频振荡器幅值不变,改变振动频率,将测得的光电变换器输出电压频率及峰-峰值记录下来。作出圆盘振动台的振幅—频率特性曲线。

$f(\mathrm{Hz})$									
$V_{\mathrm{op\text{-}p}}(\mathrm{V})$									

⑥转速测量:将光纤探头转一角度置于测速电机的旋转叶片上方,光纤探头以对准叶片中心为宜,调整探头高度使其与叶片的垂直距离为 2mm 左右。光电变换器面板上的"光纤输出"接"转速信号入",光纤输出信号经过变换器内部的整形电路整形后,在"转速信号出"端得到方波输出。将仪器面板上的测速电机"转速"旋钮调到适当值,打开电机开关,用示波器观察"转速信号出"端的方波信号并读取频率。

$$电机转速 = 方波频率 / 2$$

改变电机转速,读取一组频率值。

(五)注意事项(precaution)

①光纤探头在支架上固定时必须保持与叶片平面平行,切不可相擦,以免光纤端面受损。

②测速实验完成后,关闭电机开关,以保证稳压电源正常工作。

(六)问题和讨论(questions and discussion)

①测量振动时工作点为什么要选在特性曲线的前坡?

②电机转速为什么等于方波频率除以 2?

实验十

热电式传感器的特性及其应用

Performance of thermoelectric sensor and its application

（一）实验目的（experiment purpose）

①观察了解热电偶的结构。
②熟悉热电偶的工作特性。
③学会查阅热电偶分度表。

（二）实验原理（experiment principle）

热电偶的基本工作原理是热电效应。两种不同导体 A 和 B 组成闭合回路，如果两结点的温度不同，在回路中就会产生电动势，有电流流过，这种现象称为热电效应或塞贝克效应。这两种导体的组合称为热电偶。如图 10.1 所示，热电偶的两端是将两种导体焊在一起，其中置于被测介质中的一端称为工作端；另一端称为参比端或冷端，处于恒温条件下。当工作端被测介质温度发生变化时，热电势随之发生变化，将热电势送入显示、记录装置或用微机处理，即可得到温度值。工作端温度 T 与参考端温度 T_0 的差越大，热电偶的输出电动势就越大，因此，可用热电动势衡量温度的大小。

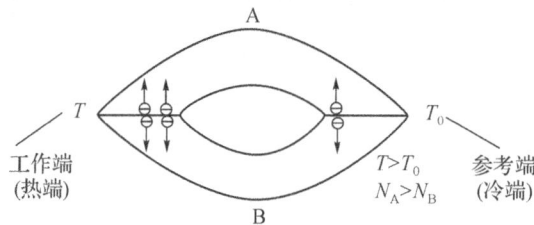

图 10.1　热电偶热电效应原理

CSY_{10B} 型传感器系统实验仪上的热电偶为镍铬—镍硅热电偶（K 分度）。

（三）实验器材（experiment equipment）

热电偶、加热器、差动放大器、数字电压表、数字温度计。

（四）实验步骤（experiment procedure）

①打开电源，差动放大器增益设定为 100 倍。

②将热电偶通过引出线接入实验仪上的数字温度计,读取室温 t_1(℃)。

③差动放大器双端输入接入热电偶,输出接电压表。调节调零电位器,将差动放大器输出调零。

④打开实验仪面板上的加热开关,随着加热器温度上升,观察差动放大器输出电压的变化,待加热温度不再上升时(达到热稳定状态),记录电压表读数。

⑤热电偶的冷端温度为室温 t_1。放大器的增益为 100 倍,计算热电势时应考虑进去。

$$E(t,t_0)=E(t,t_1)+E(t_1,t_0)$$

式中,t——热电偶热端温度;

t_0——热电偶分度表参考端温度(0℃);

t_1——热电偶参考端所处的温度;

$E(t,t_0)$——查表电动势;

$E(t,t_1)$——测量所得电动势;

$E(t_1,t_0)$——温度修正电动势。

查阅 K 型热电偶分度表,求出热端温度 t,K 型热电偶分度表见表 10.1。

表 10.1 K 型热电偶分度表

分度号:K （参考端温度为 0℃,电动势单位 mV）

℃	0	1	2	3	4	5	6	7	8	9
0	0.000	0.039	0.079	0.119	0.158	0.198	0.238	0.277	0.317	0.357
10	0.397	0.437	0.477	0.517	0.557	0.597	0.637	0.677	0.718	0.758
20	0.798	0.838	0.879	0.919	0.960	1.000	1.041	1.081	1.122	1.163
30	1.203	1.244	1.285	1.326	1.366	1.407	1.448	1.489	1.530	1.571
40	1.612	1.653	1.694	1.735	1.776	1.817	1.858	1.899	1.941	1.982
50	2.023	2.064	2.106	2.147	2.188	2.230	2.271	2.312	2.354	2.395
60	2.436	2.478	2.519	2.561	2.602	2.644	2.685	2.727	2.768	2.810
70	2.851	2.893	2.934	2.976	3.017	3.059	3.100	3.142	3.184	3.225
80	3.227	3.308	3.350	3.391	3.343	3.474	3.516	3.557	3.599	3.640
90	3.682	3.723	3.765	3.806	3.848	3.889	3.931	3.972	4.013	4.055
100	4.096	4.138	4.179	4.220	4.262	4.303	4.344	4.385	4.427	4.468
110	4.509	4.550	4.591	4.633	4.674	4.715	4.756	4.797	4.838	4.879
120	4.920	4.961	5.002	5.043	5.084	5.124	5.165	5.206	5.247	5.288
130	5.328	5.369	5.410	5.451	5.491	5.532	5.572	5.613	5.653	5.694
140	5.735	5.775	5.815	5.856	5.896	5.937	5.977	6.017	6.058	6.098
150	6.138	6.179	6.219	6.259	6.299	6.339	6.380	6.420	6.460	6.500
160	6.540	6.580	6.620	6.660	6.701	6.741	6.781	6.821	6.861	6.901
170	6.941	6.981	7.021	7.060	7.100	7.140	7.180	7.220	7.260	7.300
180	7.340	7.380	7.420	7.460	7.500	7.540	7.579	7.619	7.659	7.699
190	7.739	7.779	7.819	7.859	7.899	7.939	7.979	8.019	8.059	8.099
200	8.138	8.178	8.218	8.258	8.298	8.338	8.378	8.418	8.458	8.499

⑥将热电偶接入数字温度计直接读取热端温度,与以上实验所得结果相比较。

(五)问题和讨论(questions and discussion)

①热电偶测温和热电阻测温有什么不同?

②说明热电偶冷端温度补偿原理。

实验十一

化学离子传感器检测实验

The test and experiments of chemical ion sensors

(一)实验目的(experiment purpose)

了解氢离子电极的工作原理和工作特性,思考如何使用离子电极检测人体体内环境的 pH 值。

(二)实验器材(experiment equipment)

玻璃氢离子电极、1mol/L 盐酸溶液、烧杯、玻璃滴管、纯净水。

(三)实验原理(experiment principle)

玻璃电极是一种固体膜电极,是典型的离子选择性电极,其玻璃膜由不同玻璃组分构成,分别对氢、钠、钾等离子敏感。图 11.1 是玻璃氢离子电极的结构和实物图。玻璃膜的敏感作用是一种离子交换过程。玻璃膜可分成几个隔开的区域和界面:

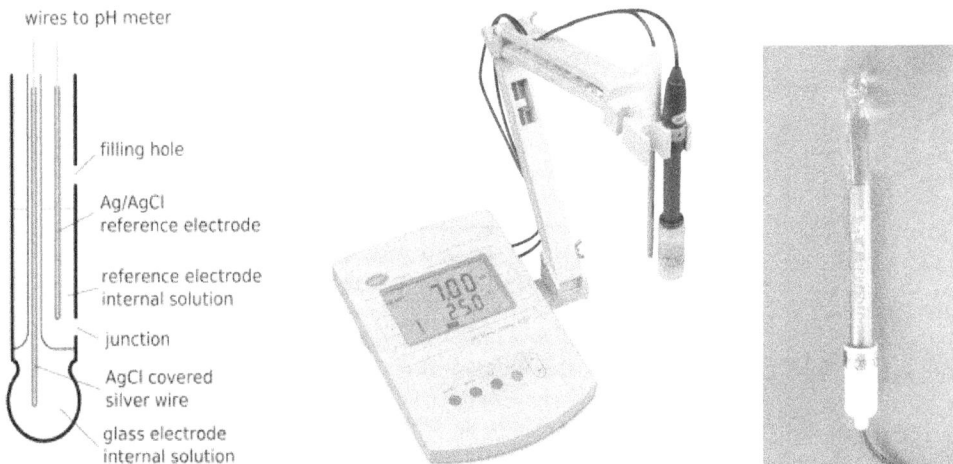

$\leftarrow E_A \rightarrow$ $\quad$ $\leftarrow E_D \rightarrow$ $\quad$ $\leftarrow E_B \rightarrow$

内部溶液 | 水化胶层 | 干玻璃层 | 水化胶层 | 外部溶液

$0.05 \sim 1\mu m$ $\quad$ $50 \sim 200\mu m$ $\quad$ $0.05 \sim 1\mu m$

图 11.1 玻璃氢离子电极结构及实物

E_A 为内部溶液与水化层界面的相界电位,E_D 为玻璃膜扩散电位,E_B 为外部溶液与水化层界面的相界电位。实验证明,氢离子虽然在溶液与水化层界面起离子交换作用,但氢离子不能穿透玻璃膜。E_D 是一个常数,由于内部溶液离子活度是已知的,故 E_A 电位也是常数。所以玻璃膜电位只取决于 E_B。在 25℃ 时,

$$E_膜 = E_{H^+} + 0.059 \lg \alpha_H^+ = 0.059 \lg \alpha_H^+$$

因此,$pH = E_膜/0.059$

我们只需要测玻璃膜电位就能换算出溶液中氢离子的浓度。

(四)实验内容(experiment content)

使用氢离子电极检测水溶液中氢离子的浓度。

(五)实验步骤(experiment procedure)

①在烧杯中加入 20mL 的纯水,把氢离子电极放入纯水中,打开电子记录器,读取数据。

②在烧杯中滴加 1mL 1mol/l 的盐酸溶液,观测电子记录器上读数的变化,等待读数稳定后记录。

③ 重复步骤②,并计算出水溶液中的理论 pH 值。

滴入纯水中的盐酸体积										
pH 计读数										
计算水溶液的 pH 值										

④根据实验数据描绘出水溶液中 pH 值的变化曲线。

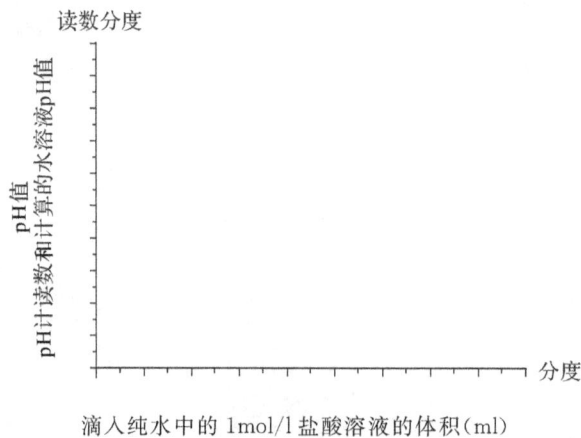

滴入纯水中的 1mol/l 盐酸溶液的体积(ml)

(六)问题和讨论(questions and discussion)

①比较玻璃电极检测水溶液中 PH 的数据和计算得出的水溶液 pH 值是否有差异?分析讨论其差异的来源从而估计电极的相对灵敏度。

②玻璃电极除了用于氢离子测量,还能用于哪些离子的测量?这些离子有什么共性?

实验十二

化学气体传感器检测实验

The test and experiments of chemical gas sensors

(一)实验目的(experiment purpose)

了解半导体气敏传感器的结构及工作方式。

(二)实验器材(experiment equipment)

气敏传感器(MQ3)、差动放大器、酒精、数字电压表、示波器。

(三)实验原理(experiment principle)

当加热到一定温度的半导体氧化物暴露在大气中,如果大气中存在某种特定的氧化性或还原性气体并接触到半导体氧化物的表面时,它会与半导体氧化物产生反应形成负离子或正离子吸附,从而使半导体氧化物内的电子数发生改变,导致氧化物的电阻发生变化,由此可测得被测气体的浓度。

对于不同类型的半导体传感器(N 型或 P 型),在检测不同气体时的反应原理如下所示:

$$还原性气体 + N 型半导体 \rightarrow 电子数 \uparrow \rightarrow 电阻值 \downarrow$$
$$还原性气体 + P 型半导体 \rightarrow 空穴数 \downarrow \rightarrow 电阻值 \uparrow$$
$$氧化性气体 + N 型半导体 \rightarrow 电子数 \downarrow \rightarrow 电阻值 \uparrow$$
$$氧化性气体 + P 型半导体 \rightarrow 空穴数 \uparrow \rightarrow 电阻值 \downarrow$$

酒精(C_2H_5OH)为还原性气体,当遇到 N 型半导体气敏传感器 MQ_3 表面的敏感膜时,会向半导体氧化物释放电子形成正离子吸附,从而使 N 型半导体内的电子数量增加,导致其电阻值下降。

MQ_3 气敏传感器所使用的气敏材料是在清洁空气中电导率较低的二氧化锡(SnO_2)。当传感器所处环境中存在酒精蒸汽时,传感器的电导率随空气中酒精气体浓度的增加而增大。使用简单的电路即可将电导率的变化转换为与该气体浓度相对应的输出信号。MQ_3 气敏传感器对酒精的灵敏度高,可以抵抗汽油、烟雾、水蒸气的干扰。这种传感器可检测多种浓度酒精气体,是一款适合多种应用的低成本传感器。

MQ_3 气敏传感器的外观结构和使用接线如图 12.1 所示,它由微型氧化铝陶瓷管、氧化锌敏感层、测量电极和加热器构成,敏感元件固定在塑料或不锈钢制成的腔体内,加热器为气敏元件提供了必要的工作条件。封装好的气敏元件有 6 个管脚,其中 4 个用于信号取出,2 个用于提供加热电流。其中 H-H 表示加热极,A-A、B-B 是传感器敏感元件的 2 个极,图中 U_c 为传感器的工作电压,U_h 是加热电压。

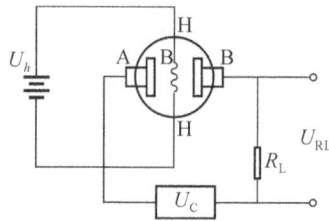

图 12.1　气敏传感器 MQ_3 外观结构和使用接线图

MQ_3 的特性曲线如图 12.2 所示。图 12.3 为实验接线图。

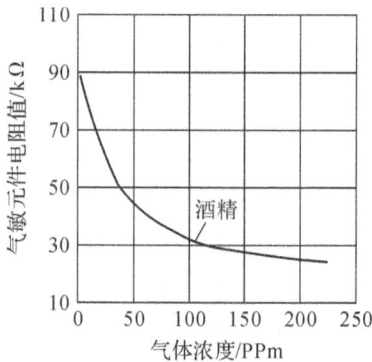

图 12.2　气敏传感器 MQ_3 特性曲线

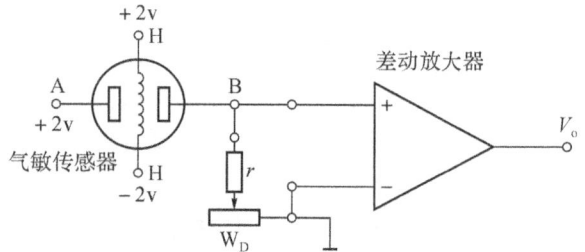

图 12.3　实验接线

(四)实验步骤(experiment procedure)

①观察传感器实验仪上的气敏传感器探头,探头 6 个管脚中 2 个是加热电极,另外 4 个接敏感元件。按图 12.3 接线。加热电极应先通电 2～3 分钟,待温度稳定后,气敏传感器才能正常工作。

②开启电源,稳定数分钟。

打开酒精瓶盖,将气敏传感器慢慢移近瓶口,传感器的电阻值相应逐渐减小,引起测量电路输出电压逐渐增大,用电压表或示波器观察输出电压的上升情况,当气敏传感器最接近瓶口时电压上升至最高点。可将输出电压接告警电路,当超过预设阈值时,电路告警。

③将气敏传感器从瓶口移开,传感器的电阻值随之增大,观察测量电路输出电压变化。

(五)注意事项(precaution)

实验时勿将气敏探头接触酒精液体,探头只要能接收到酒精气体就足够了。

(六)问题和讨论(questions and discussion)

①气敏传感器工作时为什么要加热?

②MQ₃气敏传感器能用来测量汽油气体浓度吗?

实验十三

湿度传感器检测实验

The test and experiments of humidity sensors

(一)实验目的(experiment purpose)

①了解电阻式湿度传感器的结构及工作方式。
②掌握利用 NI myDAQ 虚拟仪器教学套件进行实验数据采集和分析处理。

(二)实验器材(experiment equipment)

湿敏电阻、差动放大器、移相器、相敏检波器、低通滤波器、音频振荡器、数字电压表、NI myDAQ 虚拟仪器教学套件。

(三)实验原理(experiment principle)

高分子湿敏电阻主要是使用高分子固体电解质材料作为感湿膜,由膜中的可动离子产生导电性。随着湿度的增加,电离作用增强,可动离子的浓度增大,电极间电阻减小;反之,电极间电阻增大。通过测量湿敏电阻的电阻值,可得到相应的相对湿度值(RH)。高分子电阻湿度传感器电阻值与相对湿度的关系如图 13.1 所示。

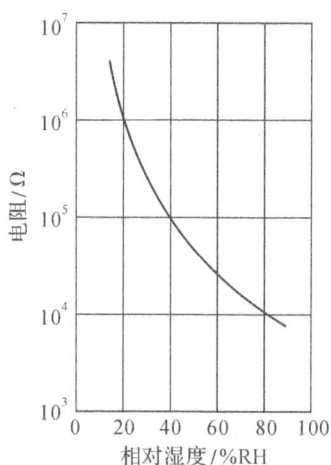

图 13.1　高分子电阻湿度传感器电阻值与相对湿度的关系

湿敏电阻一般由基体、电极和感湿膜等组成,如图 13.2 所示。有的湿敏电阻还设有防尘外壳。基体采用聚碳酸酯板、氧化铝、电子陶瓷等不吸水、耐高温的材料制成。感湿膜为微孔型结构,具有电解质特性。根据感湿膜使用的材料和配方不同,分为正电阻湿度特性和负电阻湿度特性。

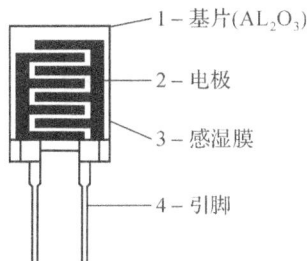

图 13.2　高分子湿敏电阻的结构

(四)实验步骤(experiment procedure)

①观察传感器实验仪上湿敏电阻的结构。按图 13.3 接线。

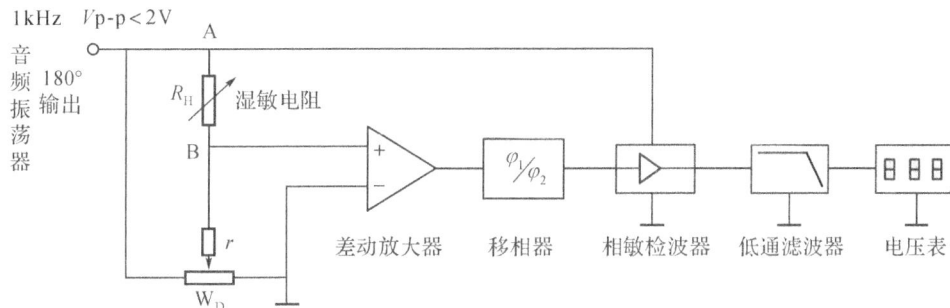

图 13.3　实验系统接线

②开启电源,音频振荡器输出 1kHz、幅度≤$2V_{p-p}$,低通滤波器输出接电压表。

③测试常温、35C°、45C°、55C°和 65C°水溶液顶空相同位置的相对湿度,读取电压表读数并记录。分析数据并作出相对湿度和水温的关系曲线图。

(五)注意事项(precaution)

①传感器表面不能直接接触水。

②激励信号必须从音频振荡器 0°或 180°端口输出,信号幅度严格限定为≤$2V_{p-p}$。

(六)问题和讨论(questions and discussion)

①对于湿敏电阻用直流激励可以吗? 如果可以请画出直流激励下的实验接线图。

②如果将图 13.3 中的湿敏电阻换成湿敏电容,其他不变,该系统能够测量湿度吗?

实验十四

生物酶传感器检测实验

The test and experiments of enzyme biosensors

(一)实验目的(experiment purpose)

了解葡萄糖酶传感器的工作原理和方式,使用血糖检测仪测试葡萄糖溶液的浓度。(配制葡萄糖标准溶液来标定葡萄糖酶传感器的工作特性)

(二)实验器材(experiment equipment)

葡萄糖一包、纯水、烧杯、量筒、滴管、血糖检测仪、葡萄糖试纸(酶电化学传感器)。

(三)实验原理(experiment principle)

葡萄糖是一种在全世界范围内被分析测试最频繁的物质之一。电化学法血糖检测系统已经成功开发了 30 余年,目前,全世界每年约消耗 60 亿片电化学血糖测试试纸,是糖尿病人实施血糖自我检测、有效控制病情的重要手段。血糖试纸是在塑料基片上印刷了导电碳墨和银墨后,再复合印刷含酶涂层的生物电化学酶传感器。如图 14.1 所示,通过测定铂金电极上过氧化氢的氧化分解时产生的电流变化,测算出溶液中因氧的消耗导致的氧分压下降值,进而测得葡萄糖的浓度。其反应过程如下:

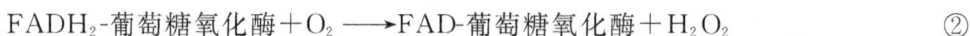

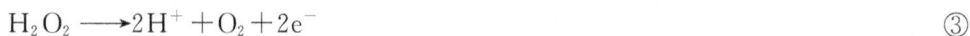

$$葡萄糖 + FAD\text{-}葡萄糖氧化酶 \longrightarrow 葡萄糖酸内酯 + FADH_2\text{-}葡萄糖氧化酶 \qquad ①$$

$$FADH_2\text{-}葡萄糖氧化酶 + O_2 \longrightarrow FAD\text{-}葡萄糖氧化酶 + H_2O_2 \qquad ②$$

$$H_2O_2 \longrightarrow 2H^+ + O_2 + 2e^- \qquad ③$$

(四)实验内容(experiment content)

配制葡萄糖溶液,使用电化学葡萄糖试纸测量葡萄糖溶液的浓度。

(五)实验步骤(experiment procedure)

①葡萄糖溶液的配制:25g/500mL(25%)的葡萄糖溶液,稀释成 20%,15%,10% 和 5% 的溶液各 5mL。

②打开血糖仪开关,并使屏幕上的代码与试纸圆罐上的代码相一致。

③试纸连接血糖仪,等待仪器显示开始测试。

④将葡萄糖溶液滴在试纸上,并记录仪器的显示数据。

葡萄糖溶液浓度							
血糖仪读数							

⑤使用不同浓度的溶液，重复上述测试，观察仪器的显示数据是否和溶液浓度变化相一致。

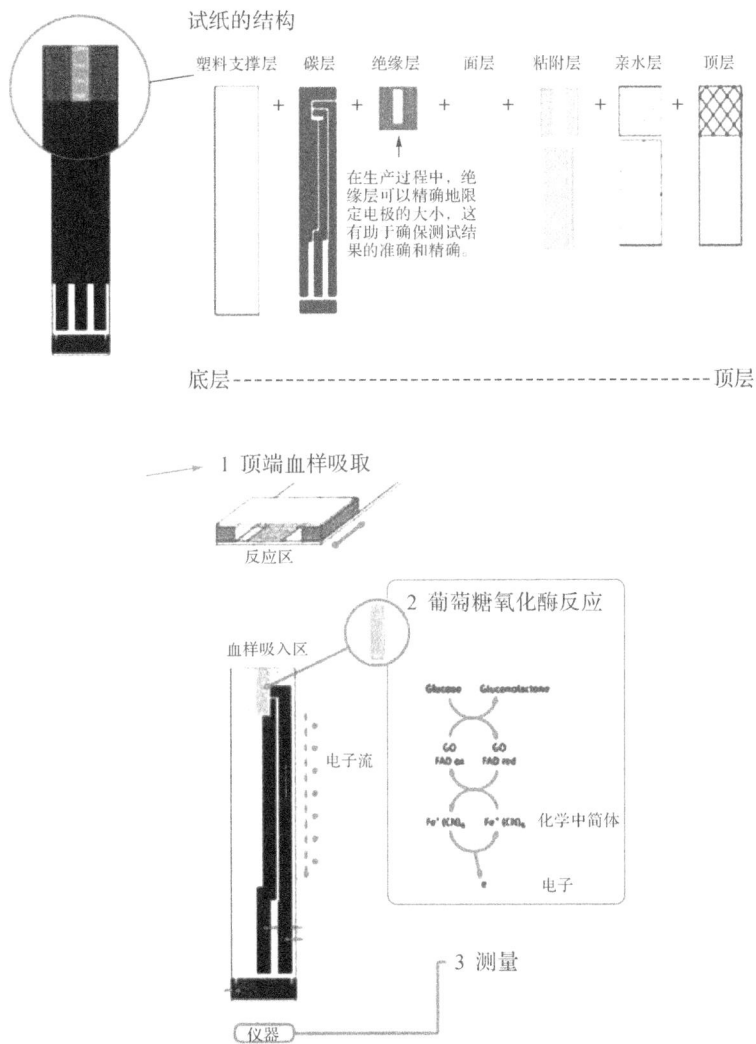

图 14.1　葡萄糖试纸结构及反应原理

（六）问题与讨论（questions and discussion）

①怎样评价血糖仪的读数和葡萄糖溶液浓度的相关性？

②根据实验数据，画出血糖仪的灵敏度特性曲线；讨论并设计出评估试纸条一致性和重现性的实验方法。

实验十五

电化学免疫生物传感器实验

The experiment of electrochemical immunosensors

(一)实验目的(experiment purpose)

采用目前化学与生物传感器中最常使用的经典电化学传感测试平台,构建一种无需标记,无需蛋白固定,简单易行,易于操作,而且成本较低,易于被学生掌握的传感测试方法,并对生物蛋白目标分子进行生物传感检测。

(二)实验器材(experiment equipment)

CHI660E 电化学工作站、参比电极、对电极、工作电极、烧杯、量筒、去离子水、待测配体的标准贮备溶液。

(三)实验原理(experiment principle)

采用三电极系统与电化学工作站作为实验教学平台,如图 15.1 所示:

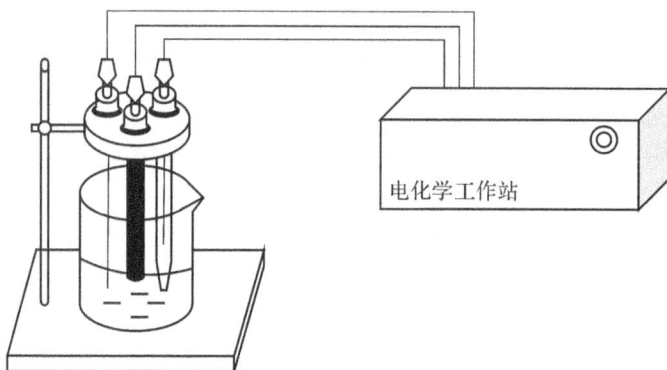

电化学工作站

图 15.1 电化学传感器测试平台

(四)实验步骤(experiment procedure)

①电极准备:三电极由参比电极、对电极、工作电极组成。在测量前,工作电极需要按以下步骤打磨:用药匙取少量 Al_2O_3 粉于电极抛光布(固定在平滑的玻璃板上)上,加少量去离子水润湿,将清洗干净的电极在绸布上轻轻匀速顺时针(或逆时针)抛光,旋转 100 到 150 圈左右,然后用去离子水冲洗电极,最后用氮气吹干。

②溶液配制：采用物质的量浓度为 0.01M 待测配体的标准贮备溶液稀释配制 4 种相应浓度梯度的标准样品溶液（分别为 10^{-9} M、10^{-8} M、10^{-7} M 和 10^{-6} M）；溶剂为 0.1M PBS 缓冲液，pH＝7.2。

③向图 15.1 中的烧杯中加入 400μL 氧化还原对溶液（氧化还原对溶液中含有 5mM 铁氰化钾、5mM 亚铁氰化钾和 0.1M 的 KCl 的混合溶液，溶剂为去离子水），然后向烧杯中加入 400μl 的待测分子溶液。以电化学工作站作为仪器平台进行电化学循环伏安法（CV）曲线扫描。

④把上述配体溶液换为配体与少量蛋白混合溶液，再进行电化学循环伏安法（CV）曲线扫描。

⑤根据得到的配体溶液与蛋白混合溶液的 CV 曲线，通过数据处理，对比分析得到气味结合蛋白与配体结合变化，并建立测试浓度曲线。分析传感器的特异性、灵敏性以及稳定性。

（五）问题和讨论（questions and discussion）

①试说明三电极系统中对电极的作用。

②对实验结果进行分析，提出改进方法。

实验十六

人体温度、血压、呼吸和脉搏传感器及微机测量系统的应用

Integrated application of human body temperature, blood pressure, respiration and pulse sensors with microcomputer measurement system

一、体温测量(body temperature measurement)

(一)实验目的(experiment purpose)

掌握体温测量的硬件电路实现方法,以及测量所得信号的微机处理和显示方法。

(二)实验器材(experiment equipment)

医学生理信号采集实验仪、温度传感器、NI myDAQ 虚拟仪器教学套件。

(三)实验原理(experiment pririciple)

测温电路图如图 16.1 所示:

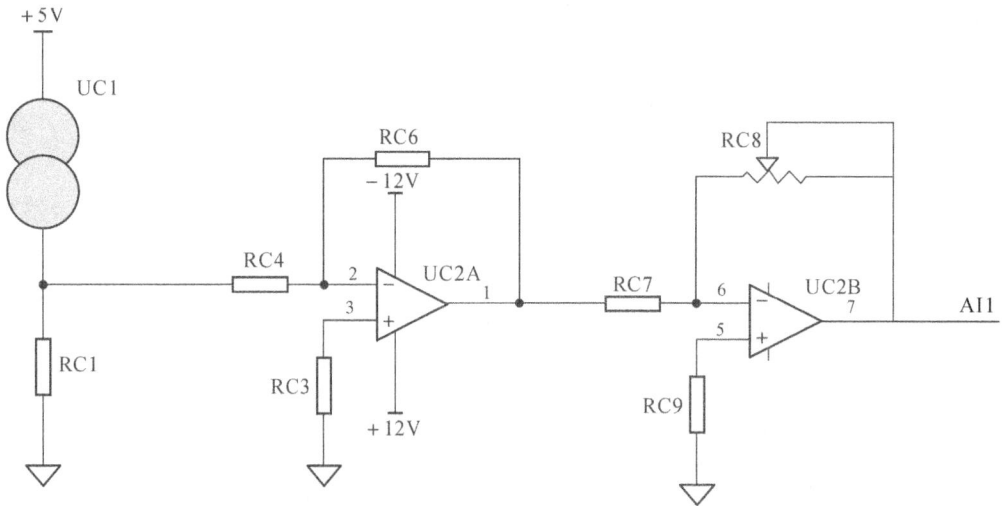

图 16.1　体温测量电路原理

其中温度传感器 UC1 为负温度系数的半导体热敏电阻,具有灵敏度高、热容量小、响

应速度快和分辨率高等特点。

测量电路为两级反向放大电路,电路输出电压与温度成正比关系。

测量电路输出的模拟电压通过 NI myDAQ 转化为数字信号输入微机中,这一 A/D 转换功能由 NI myDAQ 硬件平台提供,利用 NI 的 Measurement & Automation Explorer (以下简称 MAX)可检测硬件接口的驱动,实现通信及信号处理等基本功能。

图 16.2 软件图标

双击桌面 MAX 图标,如图 16.2 所示。

在配置窗口选项,单击我的系统/设备和接口/NI myDAQ:"Dev1",如图 16.3 所示。

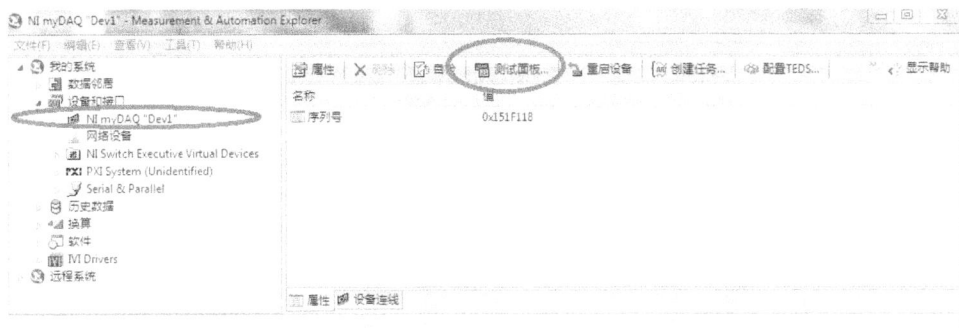

图 16.3 软件配置界面

单击"测试面板…",显示测试面板窗口,如图 16.4 所示,选择采样通道 AI1 及对应的采样参数,点击"开始",开始采样。当温度变化时,温度传感器产生一线性电流,在电阻 RC1 上形成相应的电压,该电压经过两级反向放大,输出一个正向、与温度变化大小成正比的电压。

(四)实验内容(experiment content)

利用热电阻式温度传感器构成的测温电路及 NI myDAQ 测量温度变化并传入微机中;利用 LabVIEW 软件,设计虚拟仪器面板,将测得的信号通过显示器显示出来。

(五)实验步骤(experiment procedure)

①接线:将温度测量电路的输出端 AI1 和 GND 用导线连接至 NI myDAQ 的 AI1+ 和 AGND 端。

②用 NI ELVISmx 软件采集、显示和记录输出电压。

③调节测温电路中的 RC8 电位器阻值(顺时针增大),从而调节电路的放大倍数,确定电路的电压输出幅度与温度之间的比例关系。

④观测结果是:当温度升高时,显示的电压曲线相应增高;反之,当温度降低时,电压显示曲线相应降低。

⑤选做:利用 labVIEW 软件的设计平台,设计温度监测及显示用虚拟仪器。

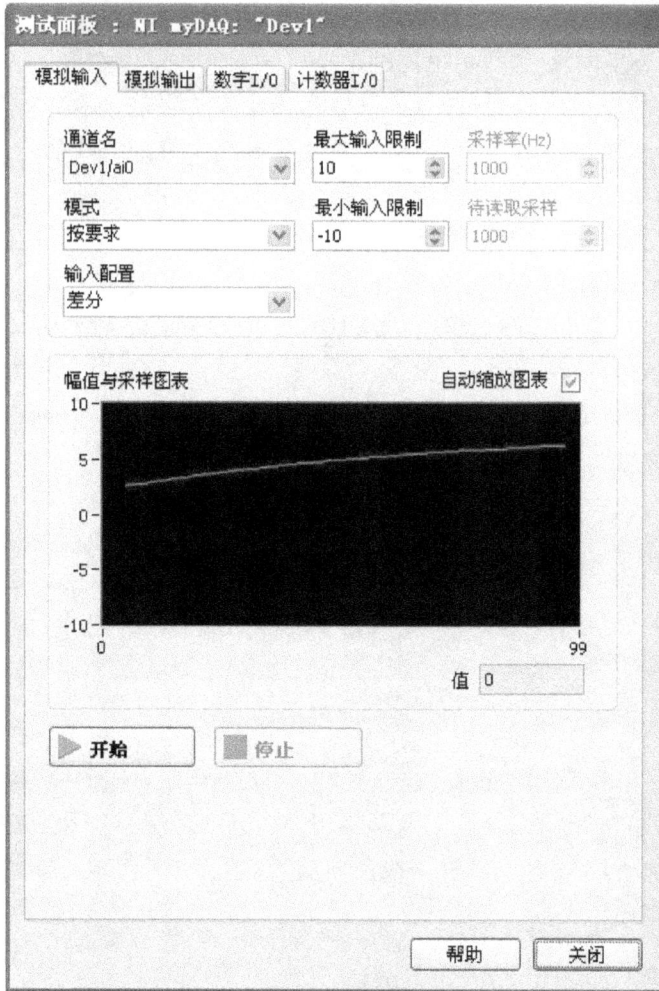

图 16.4　测试面板

二、血压测量(blood pressure measurement)

(一)实验目的(experiment purpose)

①掌握用柯式音的原理来测量人体血压。
②利用 LabVIEW 工具,实现电子血压计功能。

(二)实验器材(experiment equipment)

医学生理信号采集实验仪、压力传感器、血压袖套、NI myDAQ 虚拟仪器教学套件。

(三)实验原理(experiment principle)

实验所用传感器为压阻式固态压力传感器,其结构原理如图 16.5 所示。

压阻式固态压力传感器的核心是硅膜片,利用半导体扩散技术,在膜片上扩散出 4 个

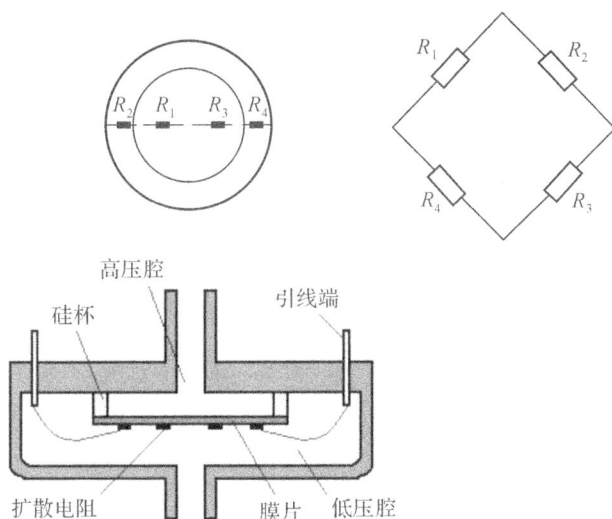

图 16.5 压阻式固态压力传感器结构

P 型电阻构成平衡电桥,膜片四周用硅杯固定,上部是与被测系统相连的高压腔,下部一般与大气相通。膜片两侧存在压力差时产生变形,膜片上各点受到不同方向和大小的应力。四个电阻在不同应力的作用下,阻值发生不同的变化,电桥失去平衡,输出相应的电压,电压与膜片两侧的压力差成正比。

测量电路如图 16.6 所示,由 IC2 与其外接电阻电路构成一恒流源电路,其 6 端输出一恒定的电流,提供给压力传感器 SE1 的 2 端;IC4 构成温度补偿电路,其输出端 6 端接至 IC5 的 5 端。压力信号通过 SE1 压力传感器转换成电压信号传至 IC5 的 2、3 脚,经过差动放大后输至 IC3 输出。调节 RP1 电位器可改变放大倍数(顺时针信号放大)。

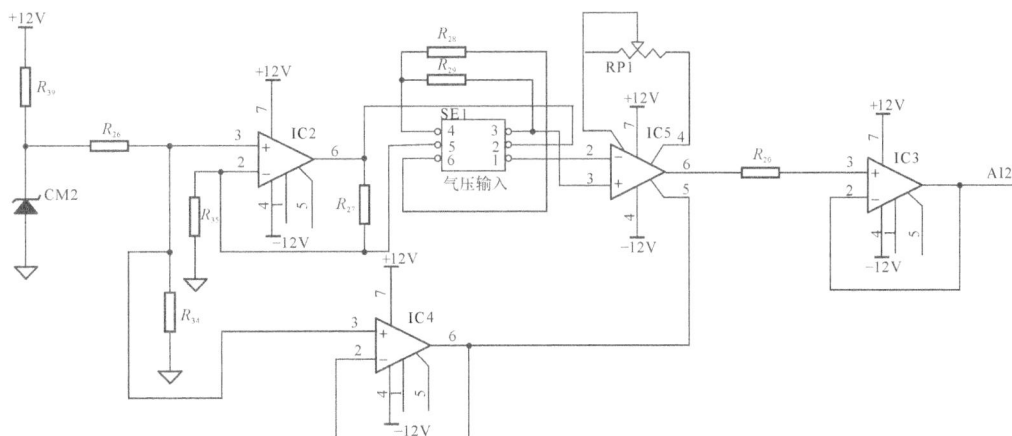

图 16.6 压阻式固态压力传感器测量电路

(四)实验内容(experiment content)

①观察袖带压力的变化曲线,利用柯式音的方法,测得收缩压和舒张压。

②选做:利用 LabVIEW 软件实现电子血压计的功能,可显示压力变化过程,同时得到收缩压、舒张压及心率。

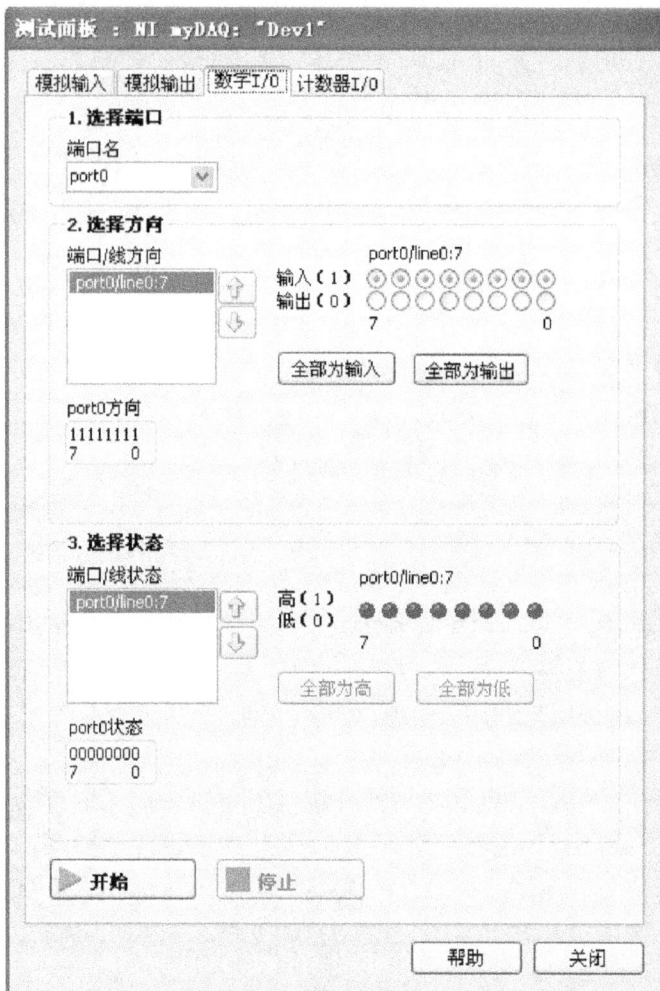

图 16.7 软件端口设置

(五)实验步骤(experiment procedure)

①接线:将 AI2 和 GND 与 NI myDAQ 的 AI0+和 AGND 端连接起来;IO0 和 GND1 与 NI myDAQ 的 DIO.0 和 DGND(数字地)端连接起来;打开 MAX,进入测试面板窗口, 如图 16.7 所示,点击"数字 I/O"选项。如图"选择端口"中将 DIO.0 选为输出;点击"开始",当"选择状态"中 DIO.0 设为高(1)时,实验板上红灯亮;为低(0)时实验板上红灯灭。 先将 DIO.0 置为低(0)。

②袖套通过三通阀与压力表、充气囊、放气阀及电充气泵连接起来,把一个出气口接入压力传感器(SE1)的上端,电充气泵的红线(或蓝色)接入 J71 的"5V",黑线(或白线)接入 J71 的"IO0",这样气泵受 IO0 控制,IO0 为"1"时打气,"0"时停止。

③调试与结果:

用 NI ELVISmx 软件采集、显示和记录输出电压。

a. 标定:将袖套缠绕在白色塑料管上(注意:对袖套进行充气时,必须绑在白色塑料管或手臂上,否则会破损),用气囊冲气至某一满量程值,旋紧放气阀,调节电位器 RP1 的阻值可调节量程,使 AI2 端输出信号显示为某一压力值,比如 120 毫米汞柱时电压为 2V。然后打开放气阀徐徐放气至完毕,气压为零时的电压,标定为 0 毫米汞柱,得到电压值与气压值成正比的线形曲线。

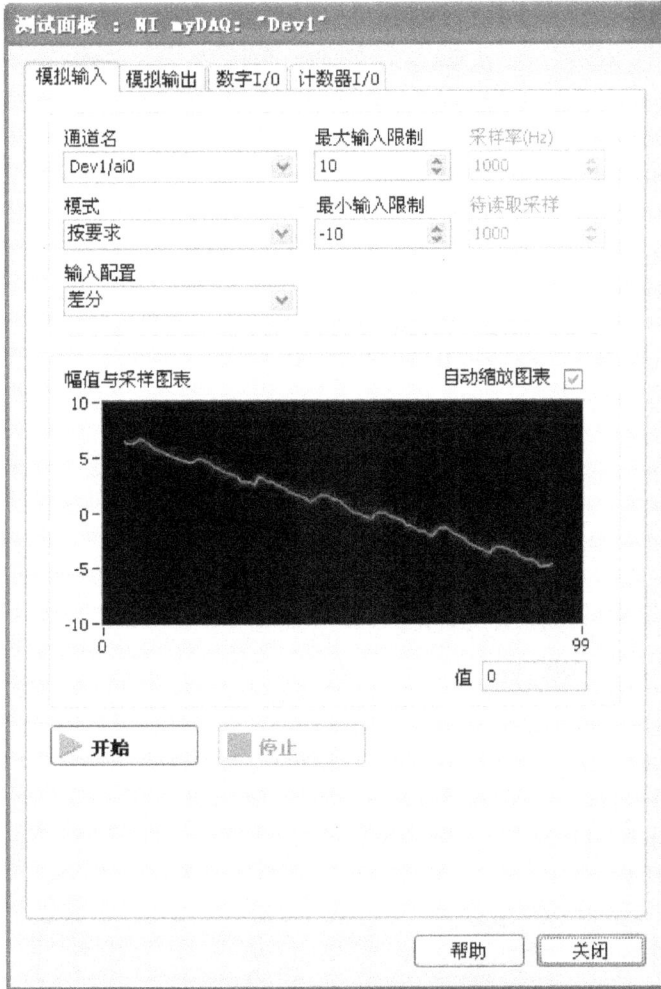

图 16.8　实验示例

　　b.测量人体血压:将袖套缠绕在人体上臂,通过气囊充气至大于收缩压时停止充气(大概 140~180 毫米汞柱),通过可调节的放气阀徐徐放气(可调节放气的速度),观察屏幕上的袖带压力波形,当信号下降过程中出现第一次波动时,测得的压力值即为收缩压值;当继续放气时可看到信号波动由小到大再变小,直到信号没有波动时即为舒张压值。实验示例如图 16.8 所示。

　　④注意:在测量血压信号时,选择自动缩放图表,对波动信号的观察将更加清楚。

三、呼吸测量(respiration measurement)

(一)实验目的(experiment purpose)

①测量呼吸的气体压力、流速、流量和呼吸频率。
②观察运动对呼吸的影响。

(二)实验器材(experiment equipment)

医学生理信号采集实验仪、差压传感器、差压阀、NI myDAQ 虚拟仪器教学套件。

(三)实验原理(experiment principle)

①传感器:由一个差压传感器(压阻式固态压力传感器)和一个差压阀组成差压式流量传感器,可测量呼吸波,也可以测量呼吸流量(潮气量)。

差压式流量传感器又称节流式流量传感器,它是利用差压阀内的节流装置,将管道中流体的瞬时流量转换成节流装置前后的压力差。当流体流过内置于差压阀中的节流件时,其前后会出现一个与流量有关的压力差值,通过测量压差值就可获得流量值。

②测量电路:

差压传感器测量电路如图 16.9 所示。

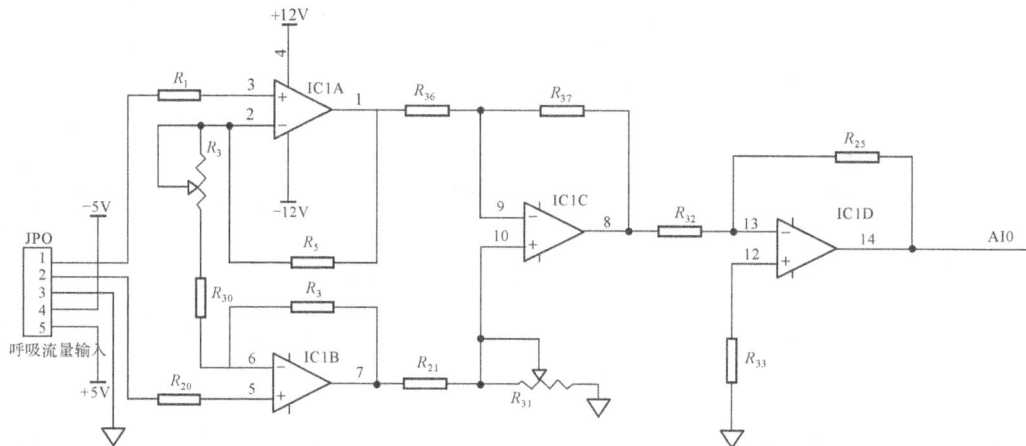

图 16.9　差压传感器测量电路

当压力传感器上压力变化时,其电阻也相应线性变化,从而压力桥式测量电路输出端电压发生变化,该变化电压通过连接器 JPO 进入由 IC1A、IC1B、IC1C 组成的差动放大电路进行一级放大,再经过 IC1D 进行二级放大后,在 AI0 端输出一个与压力成正比的电压波形。

(四)实验内容(experiment content)

①测量呼吸时气体的压力。

不使用差压阀,向传感器的一个进气口吹气,就可测量气体的压力。

②测量呼吸时气体的流速。

使用差压阀,分别将差压阀的两个出口与差压传感器的两个进气口相连,当气流经过差压阀的另两端时,就可测量气流的流速,也可测出呼吸的频率,同时对时间计算面积,就可测出呼吸的流量。

(五)实验步骤(experiment procedure)

①接线:将差压传感器通过 JPO 连接至测量电路,将 AI0 和 GND 连接至 NI myDAQ 的接口 AI0+和 AGND。

②用 NI ELVISmx 软件采集、显示和记录输出电压。

③通过调节电位器 R3 来改变差动放大倍数(顺时针方向增大),在 IC1C 输出端得到一级放大信号。通过调节电位器 R31 来调节电路对称性(调零),实现对干扰信号的抑制。

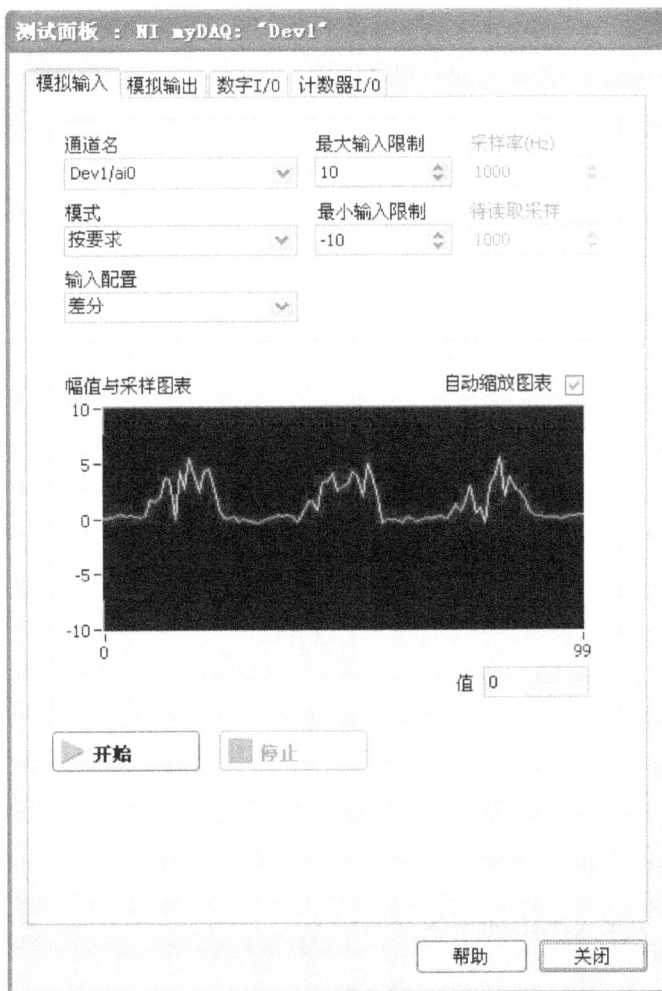

图 16.10　实验示例

④气体压力测量:在 IC1D 的输出端 AI0 得到一个二级放大后的信号,该信号的特点是:当压力增大时,信号幅度增大;当压力减小时,信号幅度相应减小。

⑤气体流速和呼吸频率测量:AI0 输出信号的斜率与气体流速成正比,波形频率即为呼吸频率。实验示例如图 16.10 所示。

四、脉搏测量(pulse measurement)

(一)实验目的(experiment purpose)

①学会人体脉搏波的测量方法。
②观察运动对脉搏的影响。

(二)实验器材(experiment equipment)

医学生理信号采集实验仪、脉搏传感器、NI myDAQ 虚拟仪器教学套件。

(三)实验原理(experiment principle)

①传感器:脉搏传感器由无源的精密压力换能器和一个指套组成,通过绑在食指上可测量脉搏。

②测量电路:

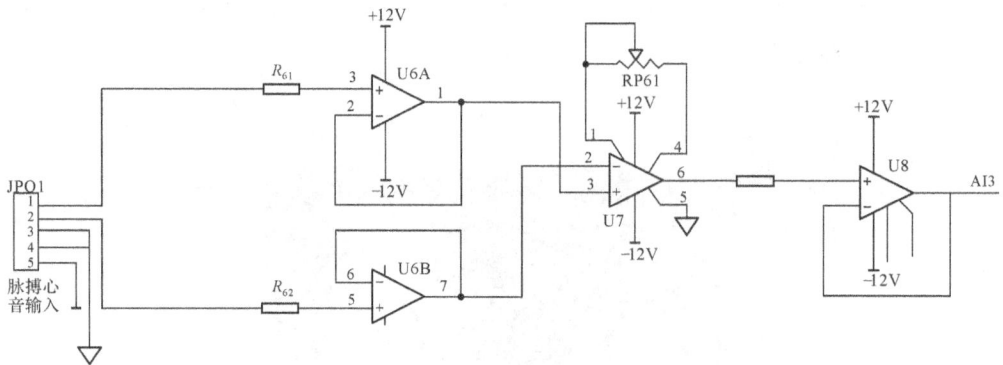

图 16.11　脉搏测量电路

脉搏测量电路如图 16.11 所示,该压力传感器是无源的,使用单向输入方式,即压力信号通过 R_{61} 经 U6A 输入,U6B 输入接地,当压力变化时通过差动放大电路(U7)进行放大,再经过 U8 后,在 AI3 端输出一个与压力成正比的电压波形。

(四)实验内容(experiment content)

测量脉搏波的变化情况,同时计算脉搏频率。

(五)实验步骤(experiment procedure)

①接线:将传感器通过 JPO1 连接至测量电路,将 AI3 和 GND 连接至 NI myDAQ 的

接口 AI0＋和 AGND。

②用 NI ELVISmx 软件采集、显示和记录输出电压。

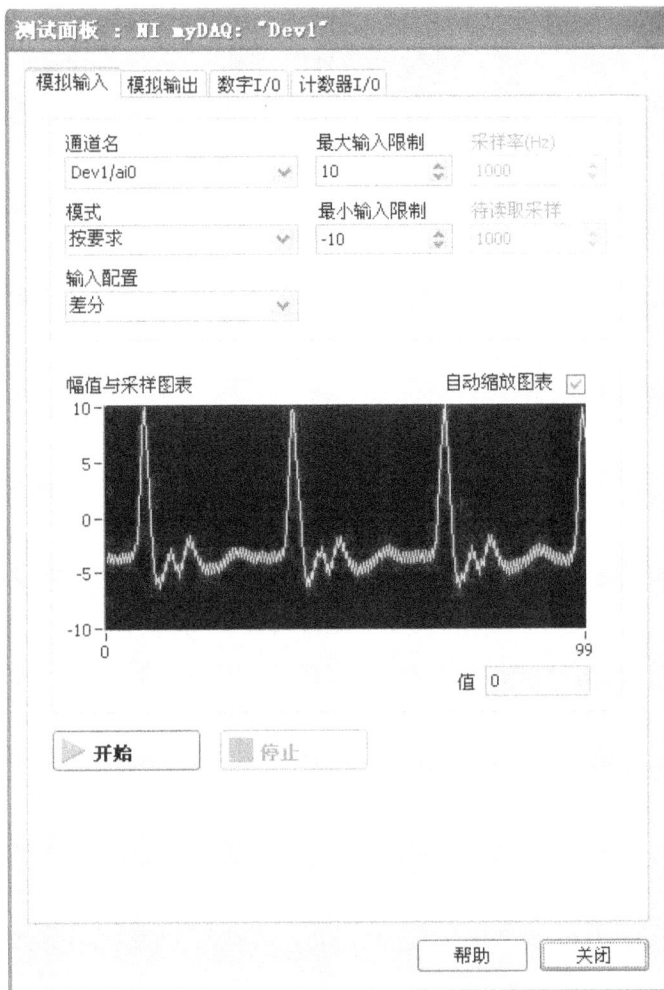

图 16.12　实验示例

③通过调节电位器 RP61 来改变差动放大倍数(顺时针增大),在 U8 输出端 AI3 得到放大后的信号。

④观测结果是:在 U8 的输出端 AI3 得到一个放大后的信号,该信号特点是:当有脉搏(压力增大)时,该信号曲线幅度增大;当无脉搏(压力减小)时,该信号曲线幅度相应减小。信号频率即为脉搏频率。实验示例如图 16.12 所示。

参考文献

[1]王平,刘清君. 生物医学传感与检测(第四版). 杭州:浙江大学出版社,2016.

[2]Ping Wang, Qingjun Liu, Chunsheng Wu, Chung-Chiun Liu. Biomedical Sensors and Measurement, Springer, Germany, Zhejiang University Press, 2016.

[3]郁有文,常健. 传感器原理及工程应用(第二版). 西安:西安电子科技大学出版社,2003.

[4]董永贵. 传感技术与系统. 北京:清华大学出版社,2006.

[5]朱文玉. 医学生理学. 北京:北京大学医学出版社,2003.

[6]Kazysztof Iniewski. Biomedical and Medical Sensor Technologies, CRC, USA, 2012.

附录一

CSY₁₀ᴮ型传感器系统实验仪使用说明

CSY₁₀ᴮ型传感器系统实验仪是用于传感与检测仪器类课程实验教学的多功能教学仪器。其特点是集被测体、各种传感器、信号激励源、处理电路和显示器于一体,可以组成一个完整的测试系统,能完成包括光、磁、电、温度、位移、振动、转速等内容的测试实验。通过这些实验,实验者可对各种不同的传感器及测量电路的原理和组成有直观的感性认识,并可在本仪器上举一反三开发出新的实验内容。

实验仪主要由传感器操作台、信号及仪表显示电路和处理电路三部分组成,如附图1.1所示。

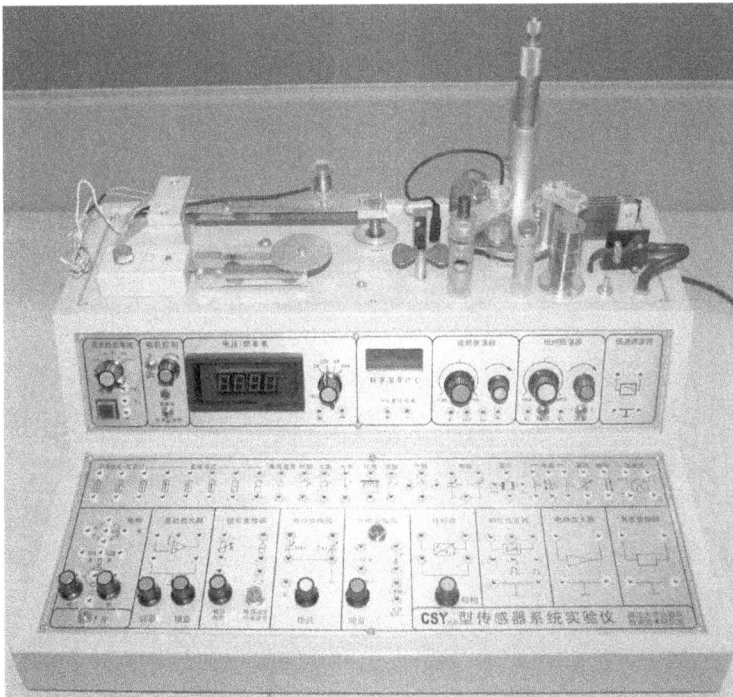

附图 1.1　CSY₁₀ᴮ型传感器系统实验仪

(一)位于仪器顶部的传感器操作台部分

附图1.2是传感器操作台实物图,操作台的左半部和右半部实物图分别如附图1.3

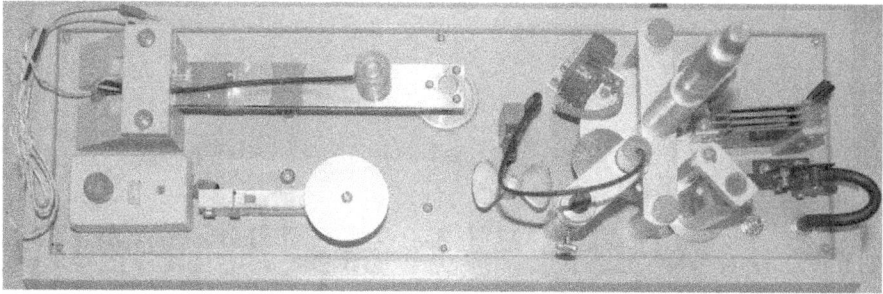

附图1.2 传感器操作台

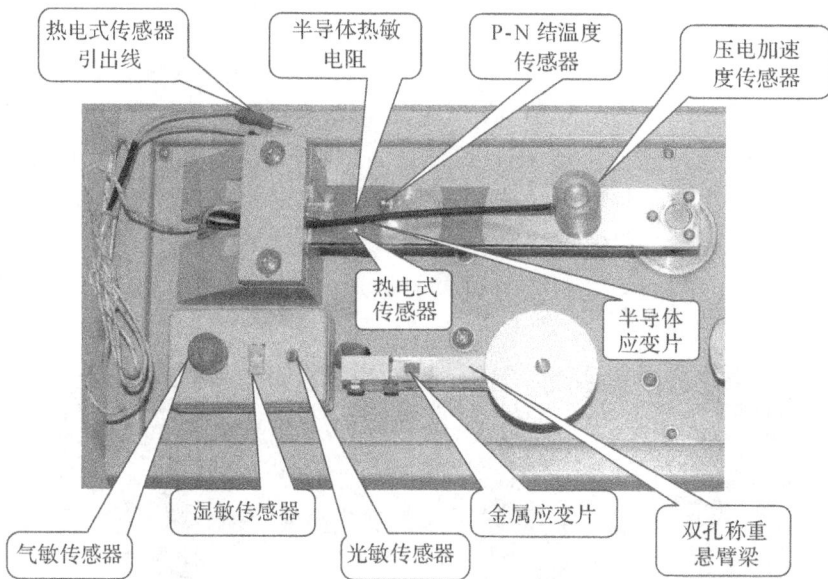

附图1.3 传感器操作台左部

和附图1.4所示。

左部后方是一副双平行式悬臂梁,梁上装有半导体应变式、热敏式、P-N结温度式、热电式和压电加速度5种传感器。前方的双孔称重悬臂梁上贴有金属应变片,气敏传感器、湿敏传感器和光敏传感器位于左前方。

应变式:双平行梁上梁的上表面和下梁的下表面各贴有一片半导体应变片,灵敏系数130。分别用符号 ↕ 和 ✗ 表示。

热电式:上梁表面安装有一支K分度标准热电偶。

热敏式:上梁表面装有玻璃珠状的半导体热敏电阻MF-51,负温度系数,25℃时阻值为8~10K。

P-N结温度式:根据半导体P-N结温度特性所制成的具有良好线性范围的集成温度传感器,位于上梁表面。

压电加速度式:位于悬臂梁自由端部,由PZT-5双压电晶片、铜质量块和压簧组成,装在透明外壳中。

气敏传感器:MQ3 型,对酒精气敏感,测量范围 10~2000ppm,灵敏度 $R_0/R>5$。

湿敏传感器:高分子湿敏电阻,测量范围 0~99%RH。

光敏传感器:半导体光电管,光电阻与暗电阻从 nMΩ 至 nKΩ。

双孔称重悬臂梁:称重范围 0~500g,精度 1%。梁上贴有 6 片金属箔式应变片(BHF-350),其中 4 片为受力工作片,分别用符号 ↕ 和 ✕ 表示;横向所贴的两片为温度补偿片,用符号 ←→ 和 →← 表示。

右边的圆盘式工作台,由装在机内的另一副平行梁带动。圆盘周围依逆时针方向安装有电感式(差动变压器)、压阻式、电容式、磁电式、霍尔式和电涡流式等传感器,光电式传感器位于旋转页轮后方。

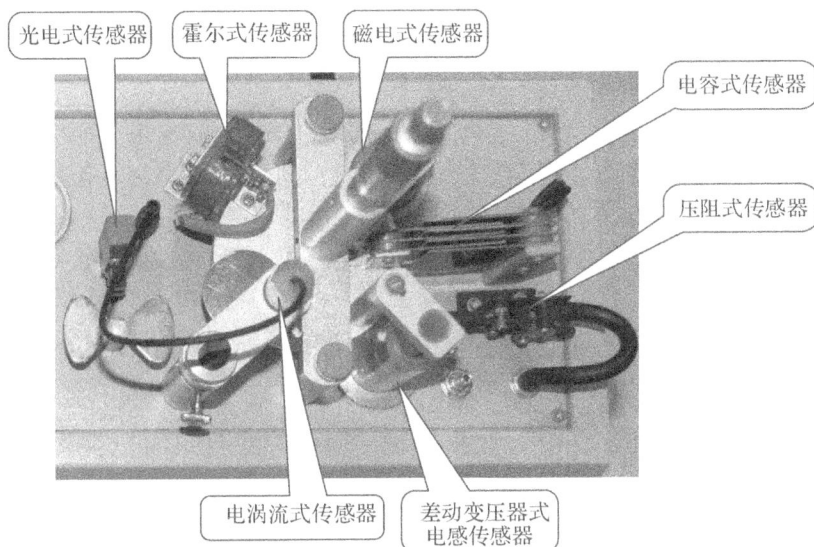

附图 1.4 传感器操作台右部

电感式(差动变压器):由初级线圈 L_i 和两个次级线圈 L_o 绕制而成的空心线圈,圆柱形铁氧体铁芯置于线圈中间,测量范围>10mm。

MPX 压阻式:摩托罗拉扩散硅压力传感器,差压工作,测压范围 0~50KP,精度 1%。

电容式:由装于圆盘上的一组动片和装于支架上的两组定片组成平行变面积式差动电容器,线性范围≥3mm。

磁电式:由一组线圈和动铁(永久磁钢)组成,灵敏度 0.4v/m/s。

霍尔式:半导体霍尔片置于两个半环形永久磁钢形成的梯度磁场中,线性范围≥3mm。

电涡流式:多股漆包线绕制的扁平线圈与金属涡流片组成的传感器,线性范围>1mm。

两副平行式悬臂梁顶端均装有置于激振线圈内的永久磁钢,右边圆盘式工作台由"激振Ⅰ"带动,左边平行式悬臂梁由"激振Ⅱ"带动,由"激振"开关切换。

为进行温度实验,左边悬臂梁之间装有电加热器一组,加热电源取自 15V 直流电源,打开加热开关即能加热,工作时能获得高于室温 30℃ 左右的升温。

以上传感器以及加热器、激振线圈的引线端均位于仪器下部面板最上一排。

实验工作台上还装有一组测速电机及控制、调速开关。

圆盘式工作台支架上装有一支测微头。

(二)信号及仪表显示部分:位于仪器面板上部

信号及仪表显示面板如附图 1.5 所示。

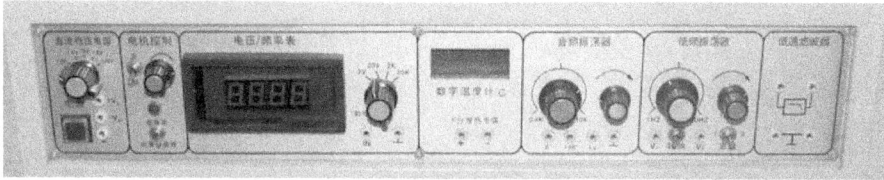

附图 1.5　信号及仪表显示

低频振荡器:1～30Hz 输出连续可调,Vp-p 值 20V,最大输出电流 1.5A。当"转换"开关拨到左边时,V_o 插口输出低频正弦波;拨到右边时,该模块作为电流放大器使用,V_i 插口为电流放大器的输入端口,V_o 为电流放大器的输出端口。

音频振荡器:0.4kHz～10kHz 输出连续可调,Vp-p 值 20V,180°、0°为反相输出,Lv 端最大电流输出 1.5A。

直流稳压电源:提供仪器电路工作电源和温度实验时的加热电源,最大输出电流 1.5A。±2V～±10V,档距 2V,分五挡输出。

数字式电压/频率表:$3\frac{1}{2}$ 位显示,分 2V、20V、2kHz、20kHz 四挡,灵敏度≥50mV,频率显示 5Hz～20 kHz。

数字式温度计:K 分度热电偶测温,精度±1℃。

(三)处理电路:位于仪器面板下部

附图 1.6 是处理电路的面板图。

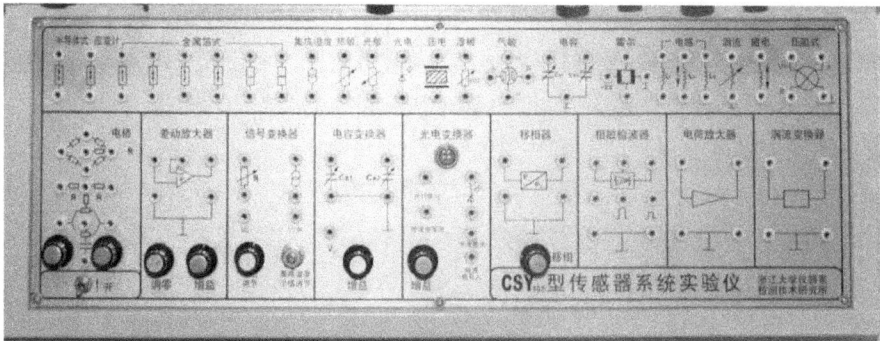

附图 1.6　处理电路

电桥:用于组成应变电桥,面板上虚线所示电阻为虚设,仅为组桥提供插座。R_1、R_2、R_3 为 350Ω 标准电阻,W_D 为直流调节电位器,W_A 为交流调节电位器。

差动放大器:增益可调直流放大器,可接成同相、反相或差动结构,增益 1～100 倍。

温度变换器(信号变换器)：根据输入端热敏电阻值、光敏电阻值或 P-N 结温度传感器信号变化，输出电压信号相应变化的变换电路。

电容变换器：由高频振荡、放大和双 T 电桥组成，用于将两个差动电容器 C_{x_1} 和 C_{x_2} 的差值变换成电压信号输出。

光电变换器：提供光纤传感器红外发射、接收、稳幅和变换，输出模拟电压信号和频率变换方波信号。四芯航空插座上装有由光电转换装置和两根多模光纤(一根接收，一根发射)组成的光强型光纤传感器。

移相器：允许输入电压 $\leqslant 20V_{p-p}$，移相范围 $\pm 40°$(随频率不同有所变化)。

相敏检波器：由集成运放极性反转电路构成，所需最小参考电压 $0.5V_{p-p}$，允许输入电压 $\leqslant 20V_{p-p}$。

电荷放大器：电容反馈式放大器，用于放大压电加速度传感器输出的电荷信号。

涡流变换器：变频式调幅变换电路，传感器线圈是三点式振荡电路中的一个元件。

低通滤波器(位于仪器面板上部)：由 50Hz 陷波器和 RC 滤波器组成，截止频率 35Hz 左右。

使用仪器时打开电源开关，检查交、直流信号源及显示仪表是否正常。仪器下部面板左下角处的开关是处理电路的工作电源开关，实验时请勿关掉。

实验时一定要注意实验指导书中的"注意事项"，要在确认接线无误后再开启电源，尽量避免电源短路情况的发生。实验工作台上各传感器部分如相对位置不太正确，可松动调节螺丝稍作调整，原则上以按下振动梁松手，周边各部分能随梁上下振动而无碰擦为宜。

附件中的铜质砝码做称重实验用。

实验开始前请检查实验连接线是否完好，以保证实验顺利进行。

本实验仪需防尘，以保证实验接触良好，仪器正常工作温度 $-10℃ \sim 40℃$。仪器工作时需良好的接地，以减小干扰信号，并尽量远离电磁干扰源。

附 录 二
医学生理信号采集实验仪使用说明

　　本实验仪(如附图 2.1 所示)展示各种常规人体生理参数传感器的工作过程,可以表现各种人体生理信号的特性,是常规医用生理参数监护仪的原理性模拟,仅用于实验教学,不能用于医疗或科研目的的人体生理参数测量。

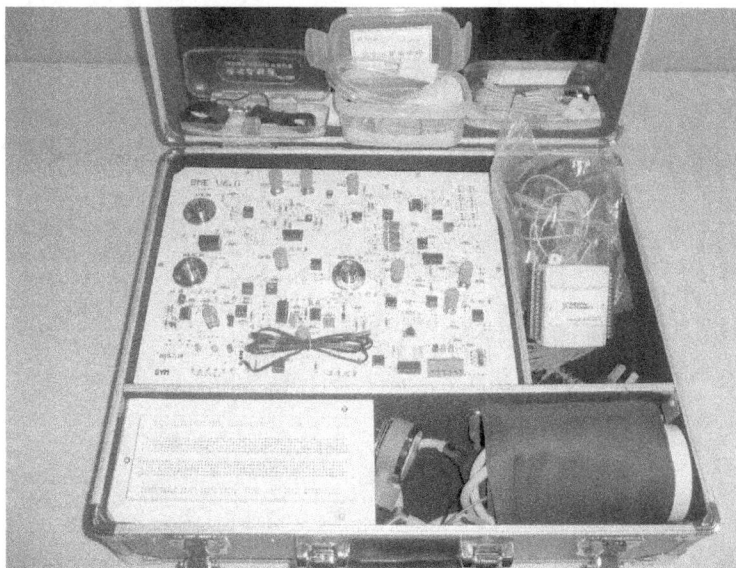

附图 2.1　医学生理信号采集实验仪

(一)系统组成

　　主实验箱、夹式心电电极、指套式脉搏传感器、呼吸流量传感器、心音传感器、血压测量套件、温度传感器。

(二)实验内容及目的

　　①脉搏测量:了解用指套式压力换能器,测量人体脉搏波的方法。
　　②呼吸测量:利用呼吸流量传感器,测量呼吸的气体压力、流速及流量。
　　③心音测量:利用心音换能器,测量人体的心音。
　　④血压测量:利用压力传感器,根据柯式音原理测量人体血压,得到收缩压、舒张压及

心率值。

⑤温度测量：利用温度传感器测量人体温度。

(三)信号源发生器说明

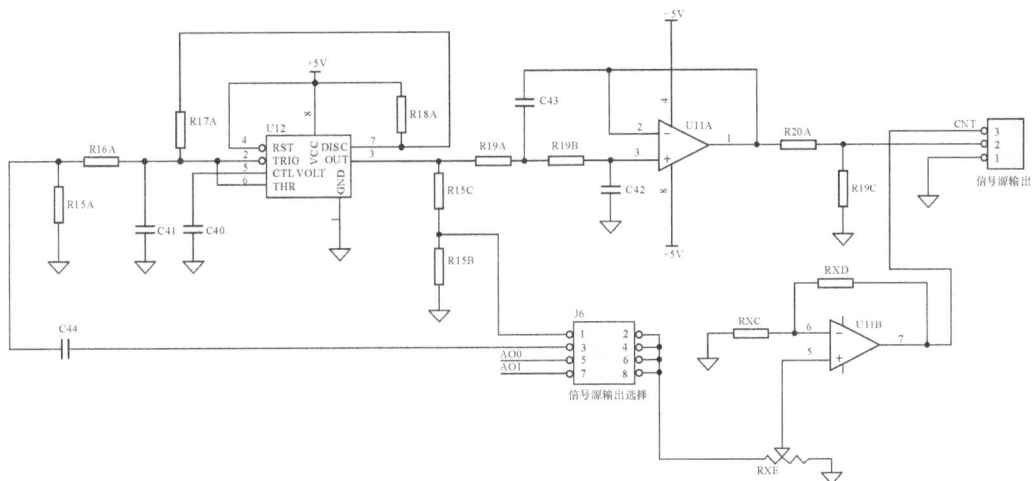

附图 2.2　信号源发生器

如附图 2.2 所示,由 U12 组成信号发生电路,正弦波调整为 20mV、158Hz 左右,作为心电电路的标准信号输入,用于心电电路调试。

方波和三角波两路信号通过 J6 跳线器,选择其中一路至 U11B 放大输出至 JP13 的 3 脚,通过调节电位器 RXE(顺时针调大)来改变信号的幅度。

同时,也可将 NI myDAQ 的 AO0,AO1 的信号作为信号源,即通过 J6 跳线器,再通过 U11B 放大输出至 JP13 的 3 脚,通过调节 RXE(顺时针调大)来改变信号的幅度。

(四)电源说明

实验箱总电源为 220V 输入,电源输入和开关在实验箱的左侧。实验箱的内置电源提供＋12V、－12V 和＋5V 电压,为实验板工作使用。另外实验箱还内置提供＋5V、－5V 的隔离电源,为心电电路工作使用。请务必注意电源的接法,以免出现意外。

附录三

NI myDAQ 虚拟仪器教学套件使用说明

NI myDAQ 虚拟仪器教学套件(以下简称 NI myDAQ,如附图 3.1 所示)是一款便携式的数据采集设备,用于采集设备和电路上的各类实时信号。同时,NI myDAQ 通过驱动软件 NI ELVISmx 与图形化编程软件 Lab-VIEW 无缝集成,使用 LabVIEW 可轻松地在 PC 上完成采样数据的分析、处理以及友好用户界面的定制,构建"采集—分析—显示"为一体的测量系统。

(一)NI myDAQ 硬件概述

NI myDAQ 提供了一个基于计算机且易于扩展的数据采集硬件平台,用于与各类实时

附图 3.1　NI myDAQ 虚拟仪器教学套件

信号交互,满足测量需求。并特别为高校理工科学生定制,易于携带,方便使用。结合图形化编程软件 LabVIEW,适用于测试测量、电子电路、控制设计和仿真以及通信等课程学习,学生可以随时随地对采样信号进行处理和分析。NI myDAQ 关键指标见附表 3.1。

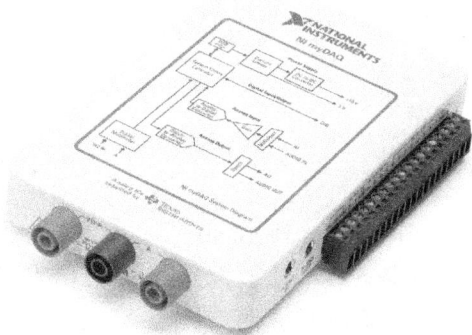

附表 3.1　NI myDAQ 关键指标

Number of integrated instruments	8
Analog Input(Channels，Rate，Bits，Mode)	200KS/s；16bit；2 Differential
Function Generator(Channels，Rate，Bits)	1ch,200KS/s；16 bit
Analog Output(Channels，Rate，Bits，Mode)	2ch,200KS/s；16 bit
Digital I/O	8 Software timed，3.3V LVTTL
DMM(Resolution，Max Readings)	3.5 Digit,60 VDC,20 VRMS，1A，Resistance
Power Supply(V，Bits,Current)	$+5V$，100mA max；$\pm15V$，32mA max
Hi-Speed USB	$\checkmark$
Downloadable curriculum	$\checkmark$
Complete integration with NI Multisim	$\checkmark$
Software based on NI-DAQmx	$\checkmark$

　　NI myDAQ 提供包括模拟输入(AI)、模拟输出(AO)、数字输入输出(DIO)、音频输入和输出以及数字万用表等多种接口。其中,侧面的印刷电路板端子,提供 AI、AO、DIO、GND 以及电源信号等多功能输入输出接口(MIO);侧面的音频输入和输出插孔,提供音频信号的输入和输出;底部的数字万用表接口,用于完成电流、电压、阻抗以及二极管的测量。

　　NI myDAQ 系统架构的更多细节,请参考附图 3.2 NI myDAQ 硬件系统框图。

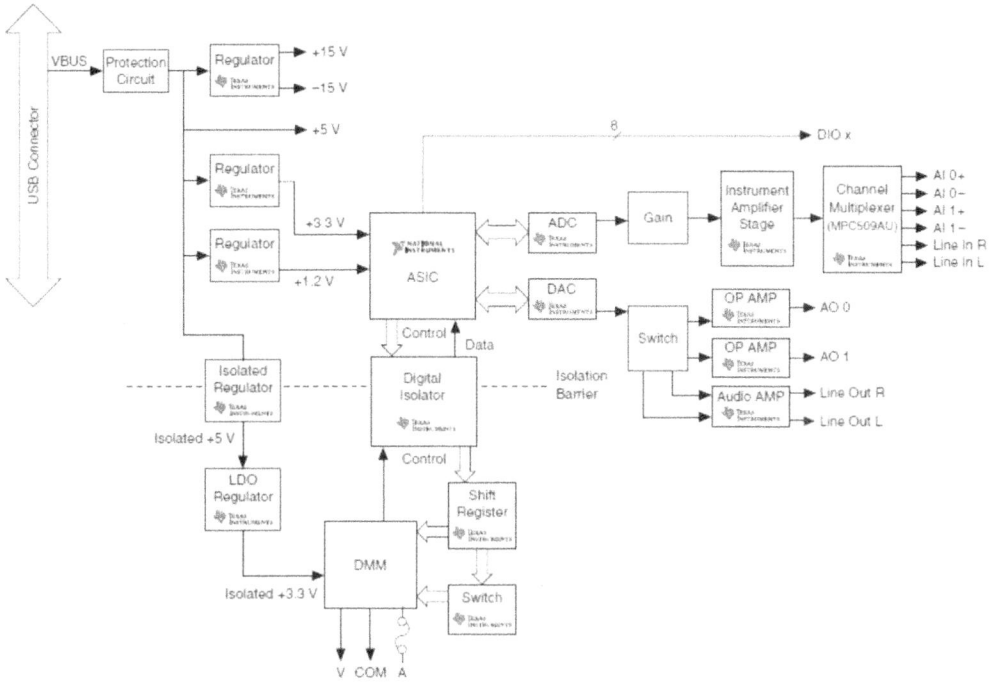

附图 3.2　NI myDAQ 硬件系统

(二)NI myDAQ 软件概述

(1)NI ELVISmx 驱动软件

　　NI ELVISmx 是支持 NI myDAQ 的驱动软件,是基于 LabVIEW 编写而成的仪器驱动程序,用于控制 NI myDAQ 数据采集设备,同时提供了一系列实验室常用仪器的软面板。对于 NI myDAQ,包括数字万用表(DMM),示波器(Scope),函数发生器(FGEN),波特仪(Bode)、动态信号分析仪(DSA),任意波形发生器(ARB),数字线写入器(DigIn),数字线读出器(DigOut),共八种仪器,如附图 3.3 所示。

附图 3.3　NI ELVISmx 仪器软面板启动器

DMM 软面板说明,如附图 3.4 所示:

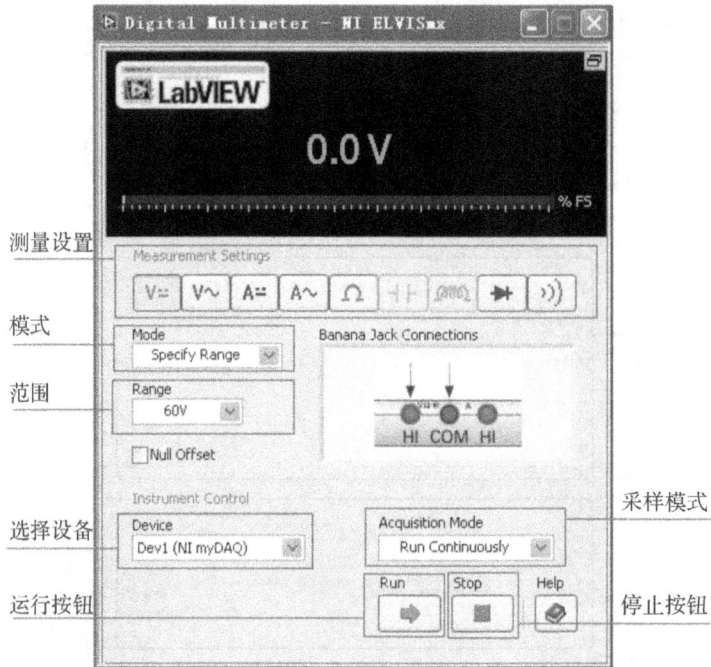

附图 3.4　DMM 软面板

Scope 软面板说明，如附图 3.5 所示：

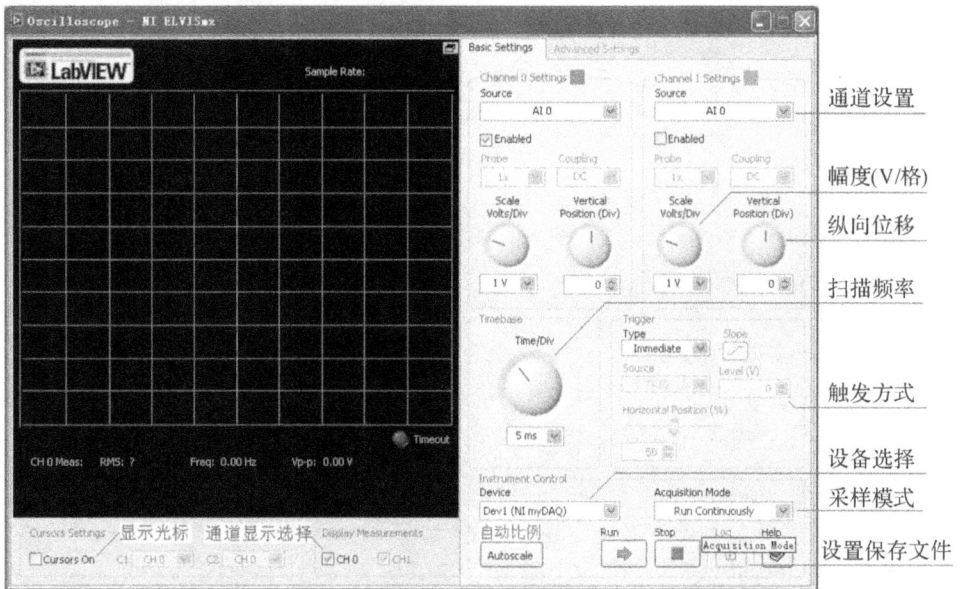

附图 3.5　Scope 软面板

(2)NI LabVIEW 和 NI ELVISmx 快速 VI

安装 NI ELVISmx 时，还会附带安装 LabVIEW 快速 VI，用于在 LabVIEW 中定制 NI myDAQ，实现高级功能。

(3)NI myDAQ 和 NI Multisim

NI Multisim 支持使用 NI ELVISmx 仪器产生仿真数据,同时支持与 NI myDAQ 采集的数据作比较。

NI myDAQ 的更多详细信息,请参考《NI myDAQ User Guide and Specifications》。

(三)NI myDAQ 接口板

如附图 3.6 所示。

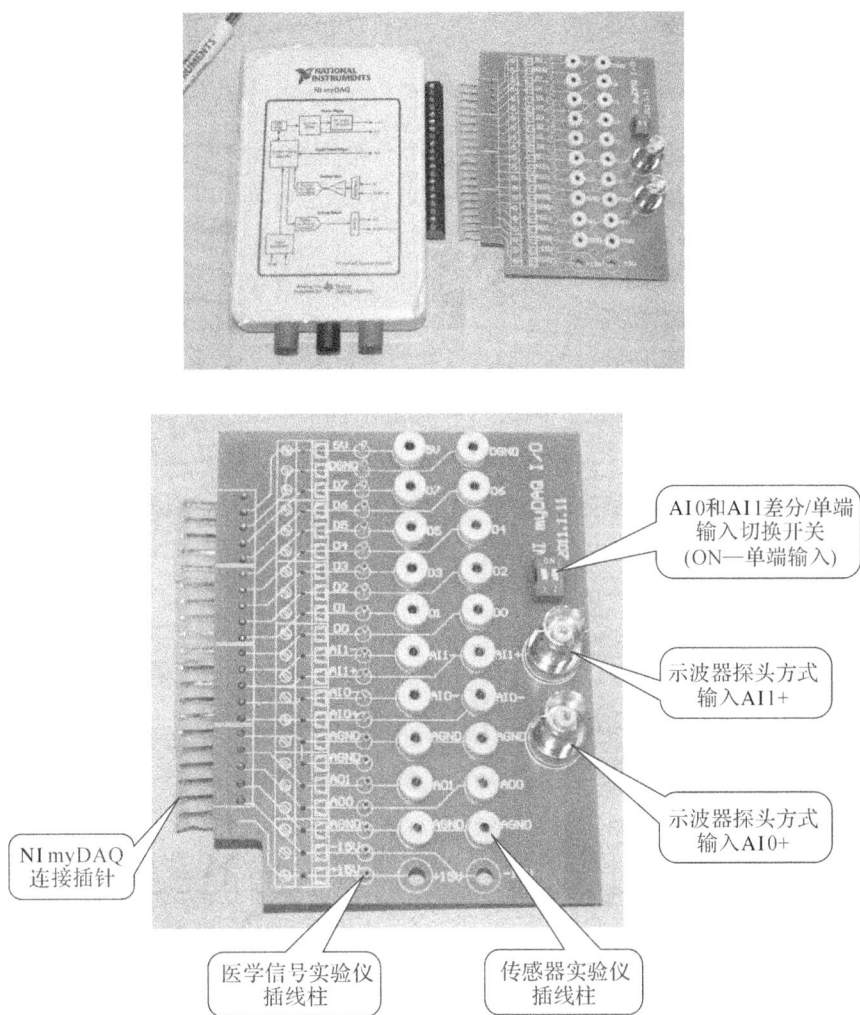

附图 3.6　NI myDAQ 接口板

附 录 四

CHI600E 系列电化学分析仪/工作站简介

　　CHI600E 系列为通用电化学测量系统。内含快速数字信号发生器,高速数据采集系统,电位电流信号滤波器,多级信号增益,iR 降补偿电路,以及恒电位仪/恒电流仪(660E)。电位范围为 ±10V,电流范围为 ±250mA。电流测量下限低于 50pA。可直接用于超微电极上的稳态电流测量。如果与 CHI200 微电流放大器及屏蔽箱连接,可测量 1pA 或更低的电流。如果与 CHI680 大电流放大器连接,电流范围可拓宽为 ±2A。CHI600E 系列也是十分快速的仪器。信号发生器的更新速率为 10MHz,数据采集采用两个同步 16 位高分辨低噪声的模数转换器,双通道同时采样的最高速率为 1MHz。双通道同步电流电位采样可加快阻抗测量的速度。某些实验方法的时间尺度可达十个数量级,动态范围极为宽广。循环伏安法的扫描速度为 1000V/s 时,电位增量仅 0.1mV,当扫描速度为 5000V/s 时,电位增量为 1mV。又如交流阻抗的测量频率可达 1MHz,交流伏安法的频率可达 10KHz。仪器可工作于二,三,或四电极的方式。四电极可用于液/液界面电化学测量,对于大电流或低阻抗电解池(例如电池)也十分重要,可消除由于电缆和接触电阻引起的测量误差。仪器还有外部信号输入通道,同步 16 位高分辨采样的最高速率为 1MHz。可在记录电化学信号的同时记录外部输入的电压信号,例如光谱信号等。这对光谱电化学等实验极为方便。

　　CHI600E 系列硬件采用了高速的处理器,快速的放大器,快速的模数转换器和数模转换器。计时电量法加上了模拟积分器。一个 16 位高分辨高稳定的电流偏置电路以达到电流复零输出,亦可用于提高交流测量的电流动态范围。高分辨的模数转换器具有更好的信噪比,也给出了灵敏度设置的更大动态范围。

　　CHI600E 系列仪器的内部控制程序采用了 FLASH 存储器。仪器软件的更新不再需要通过邮寄并更换 EPROM,而可以通过网络进行传送并通过程序命令写入。这使得软件更新更加快捷方便。

　　CHI600E 系列还允许升级为双恒电位仪。新的设计通过增加一块第二通道的电位控制,电流电压转换,多级增益和低通滤波器的电路板,便成了 CHI700E 系列的双恒电位仪。

　　CHI600E 系列仪器集成了几乎所有常用的电化学测量技术。为了满足不同的应用需要以及经费条件,CHI600E 系列分成多种型号。不同的型号具有不同的电化学测量技术和功能,但基本的硬件参数指标和软件性能是相同的。CHI600E 和 CHI610E 为基本型,分别用于机理研究和分析应用。它们也是十分优良的教学仪器。CHI602E 和 CHI604E 可用于腐蚀研究。CHI620E 和 CHI630E 为综合电化学分析仪,而 CHI650E 和 CHI660E 为更先进的电化学工作站。CHI600E 系列电化学分析仪/工作站框图如附图 4.1 所示。

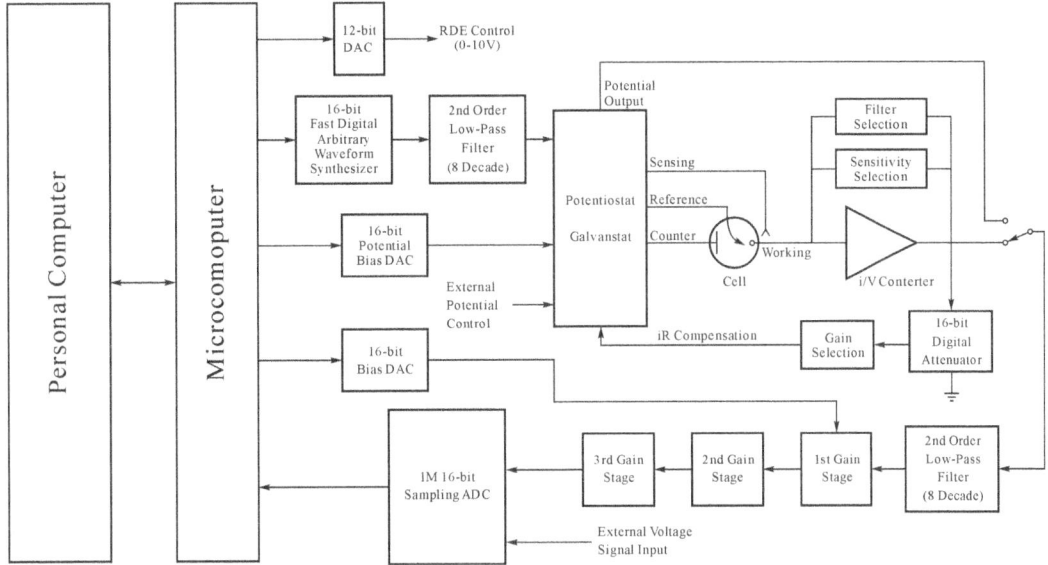

附图 4.1　CHI600E 系列电化学分析仪/工作站的框图

电化学技术

电位扫描技术

- Cyclic Voltammetry（CV）　　　　　　　循环伏安法
- Linear Sweep Voltammetry（LSV）　　　线性扫描伏安法
- TAFEL（TAFEL）　　　　　　　　　　Tafel 图
- Sweep-Step Functions（SSF）　　　　　电位扫描－阶跃混合方法

电位阶跃技术

- Chronoamperometry（CA）　　　　　　计时电流法
- Chronocoulometry（CC）　　　　　　　计时电量法
- Staircase Voltammetry（SCV）　　　　　阶梯波伏安法
- Differential Pulse Voltammetry（DPV）　差分脉冲伏安法
- Normal Pulse Voltammetry（NPV）　　　常规脉冲伏安法
- Differential Normal Pulse Voltammetry（DNPV）　差分常规脉冲伏安法
- Square Wave Voltammetry（SWV）　　　方波伏安法
- Multi-Potential Steps（STEP）　　　　　多电位阶跃

交流技术

- AC Impednace（IMP）　　　　　　　　交流阻抗测量
- Impedance-Time（IMPT）　　　　　　　交流阻抗－时间关系
- Impedance-Potential（IMPE）　　　　　交流阻抗－电位关系

- AC (including phase－selective) Voltammetry（ACV）　交流(含相敏交流)伏安法
- Second Harmonic AC Voltammetry（SHACV）　　二次谐波交流伏安法

恒电流技术

- Chronopotentiometry（CP）　　　　　　　　计时电位法
- Chronopotentiometry with Current Ramp（CPCR）　电流扫描计时电位法
- Potentiometric Stripping Analysis　　　　　电位溶出分析

其他技术

- Amperometric i－t Curve　　　　　　　　电流－时间曲线
- Differential Pulse Amperometry　　　　　差分脉冲电流法
- Double Differential Pulse Amperometry　　双差分脉冲电流法
- Triple Pulse Amperometry　　　　　　　三脉冲电流法
- Bulk Electrolysis with Coulometry　　　　控制电位电解库仑法
- Hydrodynamic Modulation Voltammetry（HMV）　流体力学调制伏安法
- Open Circuit Potential － Time　　　　　开路电位－时间曲线

溶出方法

　　除循环伏安法外所有其他的伏安法都有其相对应的溶出伏安法。

极谱方法

　　除循环伏安法外所有其他的伏安法都有其相对应的极谱方法,但需要配置 BAS 的 CGME。也可采用其他带敲击器的滴汞电极,但敲击器必须能用 TTL 信号控制。

硬件参数指标

恒电位仪	CV 和 LSV 扫描速度:$0.000001\sim5000$ V/s
恒电流仪（Model 660E）	电位扫描时电位增量:0.1 mV@1000 V/s
电位范围:±10V	CA 和 CC 脉冲宽度:$0.0001\sim1000$ s
电位控制精度:$<\pm1$ mV	CA 和 CC 阶跃次数:320
电位控制噪声:<0.01 mV	DPV 和 NPV 脉冲宽度:$0.0001\sim10$ s
电位上升时间:<1 微秒	SWV 频率:$1\sim100$kHz
槽压:±12 V	ACV 频率:$0.1\sim10$kHz
三电极或四电极设置	SHACV 频率:$0.1\sim5$kHz
电流范围:250 mA	IMP 频率:$0.00001\sim1$MHz
参比电极输入阻抗:$1'10^{12}$ 欧姆	自动电位和电流零位调整
灵敏度:$1'10-12-0.1$A/V 共 12 档量程	电位和电流测量低通滤波器,自动或手动设置
输入偏置电流:<50 pA	覆盖八个数量级的频率范围
电流测量分辨率:0.00015%量程	旋转电极控制输出:$0\sim10$V(630D 以上型号)
CV 的最小电位增量:0.1 mV	电解池控制输出:通氮,搅拌,敲击
电位更新速率:10M Hz	能拓展扫描电化学显微镜功能
快速数据采集:双通道同步 16 位分辨@1MHz	最大数据长度:$256000\sim4096000$ 点可选择
外部电压输入信号记录通道	仪器尺寸:36cm(宽)×24cm(深)×12cm(高)
自动及手动 iR 降补偿	

CHI600E 系例仪器不同型号的比较见附表 4.1。

附表 4.1　CHI600E 系列仪器不同型号的比较

功能	600E	602E	604E	610E	620E	630E	650E	660E
循环伏安法(CV)	•	•	•	•	•	•	•	•
线性扫描伏安法(LSV)#	•	•	•	•	•	•	•	•
阶梯波伏安法(SCV)#						•	•	•
Tafel 图(TAFEL)		•	•					
计时电流法(CA)	•	•	•			•	•	•
计时电量法(CC)	•	•	•			•	•	•
差分脉冲伏安法(DPV)#				•	•	•	•	•
常规脉冲伏安法(NPV)#				•	•	•	•	•
差分常规脉冲伏安法(DNPV)#								•
方波伏安法(SWV)#					•	•	•	•
交流(含相敏)伏安法(ACV)#					•	•	•	•
二次谐波交流(相敏)伏安法(SHACV)#						•	•	•
傅里叶变换交流伏安法(FTACV)								•
电流－时间曲线(i－t)						•	•	•
差分脉冲电流检测(DPA)								•
双差分脉冲电流检测(DDPA)								•
三脉冲电流检测(TPA)								•
积分脉冲电流检测(IPAD)								
控制电位电解库仑法(BE)	•	•	•		•		•	•
流体力学调制伏安法(HMV)							•	•
扫描－阶跃混合方法(SSF)							•	•
多电位阶跃方法(STEP)							•	•
交流阻抗测量(IMP)			•				•	•
交流阻抗－时间测量(IMPT)			•				•	•
交流阻抗－电位测量(IMPE)			•				•	•
计时电位法(CP)								•
电流扫描计时电位法(CPCR)								•
多电流阶跃法(ISTEP)								•
电位溶出分析(PSA)								•
电化学噪声测量(ECN)								•
开路电压－时间曲线(OCPT)	•	•	•	•	•	•	•	•

功能	600E	602E	604E	610E	620E	630E	650E	660E
恒电流仪								·
RDE 控制（0～10V 输出）						·	·	·
任意反应机理 CV 模拟器						·	·	·
预设反应机理 CV 模拟器	·	·	·	·	·			
交流阻抗数字模拟器和拟合程序			·				·	·

图书在版编目（CIP）数据

生物医学传感与检测实验教程 / 汤守健等编著.
—2 版. —杭州:浙江大学出版社，2016.3（2024.1 重印）
ISBN 978-7-308-15124-5

Ⅰ.①生… Ⅱ.①汤… Ⅲ.①生物传感器－检测－实
验－高等学校－教材 Ⅳ.①TP212.3-33

中国版本图书馆 CIP 数据核字（2015）第 213281 号

生物医学传感与检测实验教程（第二版）

汤守健 陈 星 沈义民 王 平 编著

策划编辑	李 晨
责任编辑	张颖琪
责任校对	李 晨
出版发行	浙江大学出版社
	（杭州市天目山路 148 号 邮政编码 310007）
	（网址:http://www.zjupress.com）
排 版	杭州青翊图文设计有限公司
印 刷	广东虎彩云印刷有限公司绍兴分公司
开 本	787mm×1092mm 1/16
印 张	11.25
字 数	274 千
版 印 次	2016 年 3 月第 2 版 2024 年 1 月第 2 次印刷
书 号	ISBN 978-7-308-15124-5
定 价	28.00 元